高等院校服装专业教程

服饰手工艺设计

宣 臻 主 编

胡 萍 徐淑波 副主编

西南师范大学出版社

总序

人类最基本的生活需求之一是服装。在过去的社会中，人们对服装的要求更多是趋于实用性与功能性。随着人类文明的进步，科学技术的发展和物质水平的提高，服装的精神性已越趋明显。它不仅是一种物质现象，还包含着丰富的文化内涵——衣文化。随着服装学科研究的不断深入和国际交流的广泛开展，服装产业的背景也发生了巨大变化，服装企业对设计师的要求日益提高，这也对高等教育服装专业教学提出了新的挑战。

高等教育的服装专业教学，其宗旨是培养学生的综合素质，专业基础和专业技能。教育部曾提出面向 21 世纪课程体系和教学内容改革的实施方案，为高等院校在教材系统建设方面提供了契机和必要的条件。新时期教育的迅猛发展对服装设计教学与教材的建设提出了更新的要求。

在西南师范大学出版社领导的大力支持下，根据教育部的专业教学改革方案，江西省纺织工业协会服装设计专业委员会针对江西省各高等院校开办服装设计专业的院校多、专业方向多、学生多等现象，组织了江西科技师范大学、南昌大学、江西师范大学、江西蓝天职业技术学院、江西服装职业技术学院、南昌理工学院的一批活跃在服装专业教学第一线的中青年骨干教师编写此套教材。这批教师来自不同的院校，有着不同的校园文化背景，各自处于不同的教学体系，分别承担着不同的教学任务，共同编写了这套具有专业特色的系列教材。因此，此套教材具有博采众家之长的综合性特色。

此套教材,重点突出了专业素质的培养,以及专业的知识性、更新性和直观性,力求具有鲜明的科学性和时代特色,介绍并强调了理论与实践相结合的方法,其可读性强,且更贴近社会需求,更富有时代气息,体现了培养新型专业人才的需求。此套书适合作为高等院校服装专业的教材,也适合服装爱好者及服装企业技术人员使用。

此套教材能顺利出版,特别要感谢西南师范大学出版社的领导和编辑们,感谢所有提供了图片和参考书的专家、学者的大力支持,感谢所有为编写此套书付出辛勤劳动的老师们,因时间及水平有限,丛书中疏漏及不尽如人意之处在所难免,恳请各位专家、同行、读者赐教指正。

中国服装设计师协会理事

江西省纺织工业协会服装设计专业委员会主任　　燕平

江西科技师范大学教授、硕士生导师

高等院校服装专业教程

服饰手工艺设计

目录

第一章　概　述

导读

服装是一定的社会形态下人类物质生活和精神文明水平的反映。同时,服饰文化的发展对每个民族文化素质的提高具有重要作用。服装作为人类文明特有的文化特征,伴随着人类社会的进步而延续和发展。同样,服饰手工艺技术也是伴随着人类文明的进程而发展。象征世界古代文明的埃及尼罗河流域,美索不达米亚平原的底格里斯河和幼发拉底河周边,印度的恒河、印度河及中国的黄河流域,还有玛雅文明及印加文明的山脉地区都是孕育手工艺技术的主要地域。

一 服饰手工艺的概念及特点

(一)服饰手工艺的概念

服饰手工艺是使用布线、针以及其他各种材料,用具针对服装进行手工制作的技术的总称。

手工艺,是指以手工劳动进行制作的具有独特艺术风格的工艺美术。手工艺品,是指纯手工或借助工具制作的产品。"工艺"一词具有多重含义,其中重要的内涵之一,是指一种特殊的工艺技能,尤其指手工艺术的诸多门类。(图1-1)

(二)服饰手工艺的特点

人类的双手曾经是巨大的、神奇的、灵秀的。在遥远的历史时期,我们的眼睛、耳朵和总是突发奇想的脑子以及所有能力,好像都体现在双手上。那时称手工为"神工"。

在工业文明到来之前,人类用双手满足自己的一切需求。无论盖房和造物,还是做饭与制衣,都由双手来完成。但这还不够,双手还要承担人类永不停歇而精益求精的追求。这些追求既有生活和物质的,也有精神和想象的。于是,从生活的智慧、技术的发明乃至审美理想的传达都是由双手来体现的。随着审美进入十指,便有许多艺术应运而生。既有能工巧匠的精雕细刻,也有乡野村夫手中带着泥土与青草芳香的民间艺术。

中国的传统手工艺有着悠久而灿烂的历史,在整个中国文化艺术发展史中占有重要的地位,是中华民族文化艺术的瑰宝,其悠久的历史、精湛的技艺、丰富的门类以及传世的佳作蜚声海内外。几千年来,传统手工艺产品始终是中华民族的一大特色产业。

手工艺的智慧与技术含量是长久以来一代代先辈们积累而成的。在漫长的传承过程中,不断诞生一位又一位工匠,他们心灵手巧、聪明过人,或是在技艺上作了这样或那

图1-1

图 1-2

样十分绝妙的改进和创新，或是在审美情趣上作了一些提升，这些新的技艺或审美便自然而然地融进传统的手工艺中。这也是很多古代制品今人无法复制的缘故。

手工技能都是口传心授，最多只是保存在几句短短的口诀上。从文明的传承来看，这种手工的文明是记忆性的。所以说，手工是一种口头和非物质的文化遗产。之所以称它为遗产，是因为当代人类正在进行一次从农耕文明向工业文明的转型。农耕文明是手工的时代，工业文明是机器的时代。由于机器的能力与效率远比手工高出千倍万倍，故而这一转型急剧而猛烈，甚至抛弃手工也在所不惜。然而，人们在生活中只会关心物品的本身，不会关心造物的手段到底是机械还是手工。等我们意识到手工属于正在消失的文明时，很多手工已经濒危或者干脆无影无踪了。如今，市场上开始对手工制作的陶艺、锻打的铁艺和种种编织的手艺予以青睐，标上高价。市场规律是"物以稀为贵"和"按工计价"。人们认可这种高价，是因为手工制品纯朴、生动，带着人的气息。人用双手制造这些物品时，总是注入了心中的想法、审美习惯以及一种生命感，而且绝对不会重复。因此，手工工艺给人一种具有怀旧意味的人文的温馨！

然而，遗产的意义远非如此。手工，属于人类文明进程中一个伟大的进步。它是不同地域的人们聪明才智的见证，也是民族与地域精神传承性的载体和个性的象征。从文化人类学角度说，每一种手工的背后还有深广的生活景象与历史信息。在这些信息中，只有少量的体现在手工的制品中，更多的保存在手工的活态过程中。因此，抢救与记录濒危和珍稀的民间手工，是保护历史文化遗产的重要工作，也是人类文明转型期间的全新课题。

人类放弃手工，使用机器，是伟大的进步。但同时我们还要记忆手工。因为放弃手工是为了文明的发展，记忆手工是为了文明本身。

手工是一种质朴的存在，它宣称任何物件都是有生命的，是心灵的产物而不是物质的泛滥。手工是一种创造，是每个手工艺人自己的情思和意趣的表达。手工是一种劳作，抛开创作的部分，每件作品都是要一针一线，一锤一斧琢磨出来的，一个再简单的细节也要怀着敬意完成。（图 1-2）

手工是真实的心意，每一个热爱手工的人，都怀着虔诚的心完成他的作品，并且带着美好的祝愿，希望手里的宝贝被人喜欢，被人懂得，被人使用，被人珍爱，希望手工艺品带给别人快乐的享受。

正是如此，香奈尔的设计师卡尔·拉格斐、Dior、已故的设计大师亚历山大·麦奎因和中国的郭培终生坚持不懈地从事手工定制事业，从而使品牌有了灵魂和生命，打动全世界人的心灵！

成就法国香奈尔品牌高级定制的高超手工艺技术，同时能让香奈尔女士保持优雅独立的精神，使卡尔·拉格斐才华横溢的设计得以延续的，就是尊敬的法国精品手工坊！这些历史悠久的手工坊包括：纽扣坊、珠宝坊、羽饰坊、刺绣坊、鞋履坊、制帽坊及花饰坊。（图 1-3）

香奈尔保存传统的投资行为令人尊敬——给予手工坊全面的创作自由及独立自主，以确保延续他们的工艺技术，帮助这些工艺坊继续培育新的人才。这样既能滋育珍贵的传统遗产，延续高级定制服、成衣及配饰文化，还可以借着他们带来创意无限的前景！

图 1-3

二　服饰手工艺的分类

古时女子的针线方面的工作，像纺织、编织、缝纫、刺绣、拼布、贴布绣、剪花、浆染等，凡妇女以手工制作出的传统技艺，被称为"女红"。女红在旧时指女子所做的纺织、缝纫、刺绣等工作和这些工作的成品。中国女红艺术是讲究天时、地利、材美与手巧的一门艺术，而这门艺术从过去到现在都是由母女、婆媳世代传袭而来，因此又可称为"母亲的艺术"，现代统称为手工艺。手工艺大体上分缝纫、刺绣、手工、编结、剪纸、布艺玩具等几类。

图1-4

图1-5

图1-6

(一)缝纫

缝纫是个联绵词,缝与纫都有贯穿连缀的意思,我们一般讲的缝纫就是缝制衣服,缝和纫两个字放在一起,也许是强调缝制一件衣服需要千针万线吧!确实,现在做衣服有缝纫机,有服装加工厂,定做一件衣服并不难,但在若干年前,每一件衣服都是妇女一针针地缝起来的,他们为老人缝,为孩子缝,为自己缝,一辈子的岁月都随着飞针走线流淌。(图1-4)

(二)刺绣

刺绣可以说是中国女红中最突出的一种。从全世界看,中国刺绣不但出现得最早,历史最悠久,而且形成了自己的传统。战国时期的刺绣品已很复杂,图案层次分明、交错有致,汉代的绣衣、绣裳就更多了。中国刺绣的基础太普遍、太深厚了,在男耕女织的社会制度下,千千万万的女孩都要学习女红,都要掌握刺绣,这恐怕是中国历史上独有的现象。(图1-5)

(三)手工

中国的服饰鞋帽,从很早以前一直到近代都是家庭妇女手工制作的,后来虽有了商品买卖,但真正买鞋帽的,仍然是少数。特别是在农村,儿童的帽子还是自己做,而一个家庭妇女为家庭成员所做的鞋子的数量是相当惊人的。(图1-6)

(四)编结

编结的范围很广。可做编结的材料很多,既可用丝、棉,又可用多种植物,如竹、藤、草、棕、麦秆等,凡是有一定韧性的条状物都可以编连起来,以绳为基础打成结。中国的打结从最简单的记事活动开始,发展到今天它已经成为一种艺术,转到装饰又从装饰到丰富的寓意,结饰已成为我们民族文化包容性很大的体现与象征。(图1-7)

图1-7

（五）剪纸

中国的剪纸艺术，人数之众多、历史之悠久以及所剪花样之多、内容之广、数量之大，是世界上独一无二的。人们除了用纸来剪花样，还用其他的材料，如布、植物的叶子来剪，而其工艺制作是和剪纸相近的，如在孩子的衣服上、肚兜上、布玩具上，常常可以看到大块不同颜色的布，剪成了多种动物、花草拼贴在上面。

（六）布艺

中国过去没把布艺玩具的制作当成一个独立的职业，学校也没有设立专门的学科。但是学龄前的孩子是由妈妈看管的，善良、聪慧的母亲，常常会就地取材，随手制作一些玩具给孩子们，给他们的童年增添一份乐趣。（图1-8）

手工艺就是这样从古至今，借助身边的针、线以及简单的工具，一针一线巧妙融合着实用与装饰的双重特性，将生活的高雅艺术从我们的生活日用品中提炼出来，丰富充实我们的生活，提高了生活的乐趣！

三 服饰手工艺的发展趋势

服饰手工艺的历史极其悠久，我国在山西朔县峙峪人遗址、北京周口店山顶洞人遗址中就发现了不少原生态的手工艺品，这些具有原始宗教性质的载体，标志着我们的祖先们在当时除维持着最低下的物质生产外，还钟情于精神生产。

图1-8

在我国，服饰手工艺属于工艺美术大类中的特殊工艺，从业者通称手工艺人，长期以来仅为不登艺术宝殿的匠人之流。其实在人类的文化艺术发展史与经济生产发展史中，手工艺占有极其重要的位置，手工艺匠人的代代绝活和旷世之作，可誉为人类艺术宝库中的一朵朵瑰丽无比的花朵，至今仍使我们惊叹不已。（图1-9）

18世纪末，工业革命爆发，机器的使用不仅导致生产方式的改变，同时也导致社会文化和价值取向等一系列的变革。风起云涌的现代艺术实验运动浪潮冲击着可称为"象牙塔"内的服饰手工艺。当时的一位英国艺术家——威廉·莫里斯是第一位对粗制滥造、最俗气、最无独创性的机器产品提出异议的人，他指出，是机器摧毁了有个性的手工技艺的价值，过去艺术家所达到的高水平已停止。他发动了艺术史上著名的工艺美术运动，努力使人们重新认识到中世纪工艺品的质朴和装饰之美，尽管他反对先进生产力——机器生产的主张，从现代人看来已属谬见，但他所领导的工艺美术运动不仅使得

图1-9

"手工艺"逐渐成为一种美学要领和标准,而且使得从事手工艺的"百工"也可以步入艺术家之列。因此,他被历史学家评为19世纪的伟人之一。

到了19世纪末20世纪初,随着生产力的极大提高和现代艺术的不断发展,手工艺开始了新的革命进程,许多手工艺品平民化、装饰化、个性化,特别是新材料、新技术的应用,使手工艺品的形态有了更新的发展空间,因此,现代手工艺与抽象主义、立体主义、构成主义、后现代主义、解构主义的表现特征有着千丝万缕的联系,打破了传统的束缚,大大丰富了人们的视觉,拓宽了应用的范围。

1919年,现代设计大师沃尔特·格罗佩斯在德国魏玛创立包豪斯教学体系,将手工艺引入主干课程,其教师也大多为驰名欧洲的著名画家和雕刻家。他极大地扩展了现代手工艺领域,并大大提升了手工艺从业者的地位;他主张要将手工艺人提高到艺术家的层次,并要求作品不仅具有新的形式,而且在其外形中既可表现出各种功能的特征,又可体现出工艺品设计中的合理原则。除此,他匠心独运,要求设计师必须经受实际工艺训练,熟悉材料和工作程序,系统研究项目的要求和问题。以上包豪斯教学体系的主要原则,成为现代艺术设计教学模式借鉴的范本,对现代手工艺设计的开拓有着非凡的意义。(图1-10)

图1-10

思考与练习

1. 名词解释:手工艺。

2. 思考手工艺对现代设计的意义与价值。

3. 搜集各种手工艺品并分析其手工特点。

　　要求:(1)利用网络搜集。

　　　　　(2)运用PPT形式制作。

第二章　手工刺绣

导读

无论西方还是东方，刺绣的历史都灿烂辉煌，在各个不同时期、不同民族服饰中占有重要的地位。

最早的面料装饰工艺是刺绣技术，起源于古埃及。考古学家从埃及的古墓中挖掘出的珍珠绣片是人类迄今发现的最古老的一件刺绣作品。而中国的刺绣起源于3000多年前，发展始于汉代，并由东向西经过丝绸之路传到西方。其技法与西方近代刺绣不同，有长短线迹、法式线迹、绳状线迹、穿纱芯线迹等。中国刺绣经过了几千年的演变，形成"衣以文绣"的民族风格。而拼、贴、镶、缀、褶等辅助装饰工艺把中国刺绣衬托得更为精美。(图2-1)

图2-1

一 刺绣的概念及特点

(一)刺绣的概念

　　刺绣,又名"针绣",俗称"绣花"。刺绣以绣针引彩线(丝、绒、线),按设计的花样,在织物(丝绸、布帛)上刺缀运针,以绣迹构成纹样或文字,是我国优秀的民族传统工艺之一。后因刺绣多为妇女所作,故又名"女红"。据《尚书》记载,远在4000多年前的章服制度,就规定"衣画而裳绣"。至周代,有"绣缋共职"的记载。湖北和湖南出土的战国、两汉的绣品,水平都很高。唐宋刺绣施针匀细,设色丰富,盛行用刺绣作书画、饰件等。明清时封建王朝的宫廷绣工规模很大,民间刺绣也得到进一步发展,先后产生了苏绣、粤绣、湘绣、蜀绣,号称"四大名绣"。此外尚有顾绣、京绣、瓯绣、鲁绣、闽绣、汴绣、汉绣和苗绣等,都各具风格,沿传迄今,历久不衰。刺绣的针法有:齐针、套针、扎针、长短针、打子针、平金、戳沙等几十种,丰富多彩、各有特色。绣品的用途包括:生活服装、歌舞或戏曲服饰、台布、枕套、靠垫等生活日用品及屏风、壁挂等陈设品。

(二)刺绣的发展历程及特点

　　刺绣在中国起源很早。虞舜之时,已有刺绣。东周已设官专司其职,至汉已有宫廷刺绣。三国时期吴国孙权使赵夫人绣山川地势军阵图,唐永贞元年(公元805年)卢眉娘以《法华经》七卷,绣于尺绢之上,因刺绣闻名,见于前者著录。自汉以来,刺绣逐渐成为闺中绝艺,有名刺绣家在美术史上也占有一席之地。

　　目前传世最早的刺绣,为湖南长沙楚墓中出土的战国时期两件绣品。观其针法,完全用辫子股针法(即锁绣)绣成于帛和罗上,针脚整齐、配色清雅、线条流畅,将图案龙游凤舞、猛虎瑞兽,表现得自然生动、活泼有力,充分显示出楚国刺绣艺术之成就。汉代绣品,在敦煌千佛洞、河北五鹿充墓、内蒙古北部、新疆的吐鲁番阿斯塔那北古墓中皆有出土,尤其1972年在长沙马王堆出土的大批种类繁多而完整的绣品,更有助于了解汉代刺绣风格。从这些绣品看,汉绣图案主题多为波状之云纹、翱翔之凤鸟、奔驰之神兽以及汉镜纹饰中常见之带状花纹、几何图案等。刺绣新采用的底本材质,则为当时流行的织品,如织成"延年益寿大宜子孙""长乐光明"等吉祥文字之丝绸锦绢。其技法以锁绣为主,将图案填满,构图紧密、针法整齐、线条极为流畅。

　　东晋到北朝的丝织物,出土于甘肃敦煌以及新疆和田、巴楚、吐鲁番等地,所见残片绣品无论图案或留白,整幅都用细密的锁绣全部绣出,形成满地施绣的特色。传世及出土的唐代刺绣,与唐代宗教艺术有着密切的关系,其中有不少唐绣佛像,如大英博物馆藏有东方敦煌千佛洞发现的绣帐灵鹫山释迦说经图,日本奈良国立博物馆所藏释迦说法图等,都与当时对佛教隆盛的信仰有直接关联。此时刺绣技法仍沿袭汉代锁绣,但针法已开始转变为以运用平绣为主,并采用多种不同针法、多种色线。所用绣底质料亦不限于锦帛和平绢。刺绣所用图案,与绘画有密切的关系,唐代绘画除了佛像人物,山水花鸟也渐兴盛。因此,佛像人物、山水楼阁、花卉禽鸟,也成为刺绣图样,构图活泼,设色明亮。使用微细平绣的绣法,以各种色线和针法的运用,替代颜料描写的绘画形成一门特殊的艺术,也是唐绣独特的风格。至于运用金银线盘绕图案的轮廓,加强实物的立体感,更可视为唐代刺绣的一项创新。(图2-2)

　　唐以前的绣品,多为实用及装饰之用,刺绣内容与生活上的需要和风俗有关。宋代刺绣

图2-2　堆绫尊胜佛母像唐卡　清乾隆

之作除实用品外,尤其致力于绣画。自晋唐以来,文人士大夫嗜爱书法并及于绘画,书画乃当时最高的艺术表现,至宋更及于丝绣,书画风格直接影响到刺绣作风。历代迄清各时期之绣画与绘画都有不可分离的关系。

宋代刺绣之发达,由于当时朝廷奖励提倡之故。据《宋史·职官志》载,宫中文绣院掌篆绣。徽宗年间又设绣画专科,使绣画分类为山水、楼阁、人物、花鸟,因而名绣工相继辈出,使绘画发展至最高境界,并由实用进而为艺术欣赏,将书画带入刺绣之中,形成独特的观赏性绣作。为了使作品达到书画之传神意境,绣前需先有计划,绣时需度其形势,乃趋于精巧。构图必须简单化,纹样的取舍留白非常重要,与唐代无论有无图案的满地施绣截然不同,明代董其昌《筠清轩秘录》载:"宋人之绣,针线细密,用绒止一二丝,用针如发者,为之设色精妙光彩射目。山水分远近之趣,楼阁待深邃之体,人物具瞻眺生动之情,花鸟极绰约谗唼之态。佳者较画更胜,望之三趣悉备,十指春风,盖至此乎。"此段描述,大致说明了宋绣的特色。

元代绣品传世极少,中国台北故宫博物院仅有一幅作品,由作品观之,仍承继宋代遗风。元人用绒稍粗,落针不密,不如宋绣之精工。(图2-3)

明代的染织工艺,至宣德年间开始变得发达。刺绣始于嘉靖年间上海顾氏露香园,以绣传家,名媛辈出。至顾名世次孙顾寿潜及其妻韩希孟,深通六法,承唐宋发绣之真传。摹绣古今名人书画,劈丝配色,别有秘传,故能点染成文,所绣山水人物花鸟,无不精妙,世称"露香园顾氏绣",盖所谓画绣也。此即传世闻名之顾绣。

顾绣针法主要继承了宋代最完备的已成绣法,并加以变化而运用,可谓集针法之大成。用线仍多数用平线,有时亦用捻线,丝细如发,针脚平整,而所用色线种类之多,则非宋绣所能比拟。同时又使用中间色线,借色与补色,绣绘并用,力求逼真。又视图案所需,可以随意取材,不拘成法,真草、暹罗斗鸡尾毛、薄金、头发均可入绣,尤其利用发绣完成绘画之制作,于世界染织史上从未一见,即此可知顾绣有极其巧妙精微的刺绣技术。

在清代,宫廷御用的刺绣品,大部分均由宫中造办处如意馆的画人绘制花样,经批核后再发送江南织造管辖的三个织绣作坊,照样绣制,绣品工整精美。除了御用的宫廷刺绣,同时在民间先后出现了许多地方绣,著名的有鲁绣、粤绣、湘绣、京绣、苏绣、蜀绣等,各具地方特色。苏、蜀、粤、湘四种地方绣,后又称为"四大名绣",其中苏绣最负盛名。苏绣全盛时期,流派繁多,名手竞秀,刺绣运用普及于日常生活,造成刺绣针法的多种变化,绣工更为精细,绣线配色更具巧思。所作图案多为喜庆、长寿、吉祥之意,尤其花鸟绣品,深受人们喜爱,享盛名的刺绣大家相继而出,如丁佩、沈寿等。

清末民初,西学东渐,苏绣出现了创新作品。光绪年间,余觉之妻沈云芝绣技精湛,闻名苏州绣坛。沈氏30岁时,逢慈禧太后70寿辰,沈氏绣了"八仙庆寿"的八帧作品祝寿,获赐赠"福""寿"两字,因而改名沈寿。沈绣以新意运旧法,显光弄色,参用写实,将西画肖神仿真的特点表现于刺绣之中,新创"仿真绣",或称"艺术绣",针法多变,富立体感。(图2-4)

随着苏绣的发达与创新,延至今日,又形成许多新的刺绣,如乱针绣、束绣、双面绣、双面异色绣、精微绣、彩锦绣等。另外,还有许多边疆少数民族的织绣,亦充分表现原始风格的自然之美与拙朴之美。刺绣最早多为实用,及至宋元广及书画之制作,渐渐为艺术珍赏之用。故宫所藏之刺绣,多属此类。时代最早者为五代,而用品最多者为清代。经历代的创新发展,各具特色,皆

图2-3 贴罗绣僧帽 元代

图2-4

有高度的成就。中国台北故宫博物院藏品几乎皆为精品,绣工匀整、针线细密、设色精妙、深得书法精髓,且均裱装成册轴卷,使观赏者往往误以为书画,欣赏、珍藏的艺术价值极高。(图2-5)

随着丝绸之路的开辟,中国的刺绣技艺传到了欧洲,在欧洲,刺绣工艺又有了新的发展。而今无论在中国,还是在欧洲,历史上刺绣都曾为宫廷显贵占用,极度地美化了人们的生活。(图2-6)

在德国的Schwalmer刺绣,源于19世纪于德国西北部徐瓦姆(Schwalmer),可说集各种白线刺绣技法之大成,因此,有"白线女王"之称。该刺绣特色以朴素、可爱为中心思想,圆形图案象征太阳,心形象征心脏,郁金香象征草木生长,小鸟则象征和平。技法上的特征以珊瑚绣、锁链绣、扣眼绣依序环绕。图中格子状的部分是抽线后缠绕剩余绣线所做出的。绕线部分则使用了抽纱刺绣、镂花刺绣、房网眼花边刺绣等技法。(图2-7)

在丹麦的Hedebo刺绣诞生于18世纪中期,它是丹麦哥本哈根西南部、芬兰Hedebo地区的绣法。经过漫长的岁月洗礼和历史变迁,绣法已有所改变,这种精致典雅、深具魅力的技法,是于裁剪成圆形或水滴形的镂空处加上荷叶边绣、阶梯绣等针法蕾丝(Needle Lace);边缘则用各种镶边来装饰。(图2-8)

意大利的Casalguidi立体刺绣,其独特的立体花纹又称为"浮雕刺绣"(Stumpwork)。在拥有悠久白线刺绣历史的意大利刺绣技法之中,也是最别具一格的花纹设计之一。在基地布料上,以四角细缝出细致的团,再将芯线绕成一束做出立体花纹,此即攀爬茎线的精彩表现。最后,以扣眼绣缝出美丽的花朵及花苞后,再利用绕线及卷边绣做出弯曲的花梗或者轮廓图案,使整体更添华丽气氛。(图2-9)

英国的抽纱刺绣,所谓的Drawn,在英文里是指"抽掉"的意思。也就是说所谓的Drawn thread work是统称所有从纵横向抽出绣线后再于剩余绣线上缠绕出团的技法。Drawn thread work以各种白线刺绣为基础,历史悠久,并流传于欧洲各地;有简单的装饰绣,广泛应用于手帕等物品的镶边,若在抽线绣后呈现带状或格子状的部分加上扭转绣、蛛网绣、幸运草绣等,则可做出表意丰富、蕾丝般的图案。(图2-10)

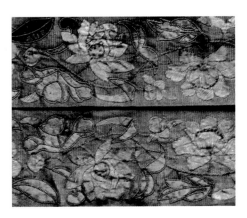

图2-5 褐色罗地金彩纸贴绣缠枝花纹花边 黄昇墓出土

图2-6

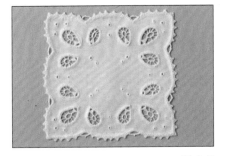

图2-7

图2-8

图2-9

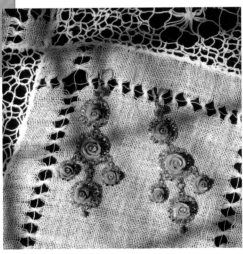

图2-10

二　彩绣的基本技法及服饰应用设计

彩绣，顾名思义就是彩色线刺绣，在刺绣家族中占有很重要的地位，是服饰运用最为广泛的一种技法。世界各地的彩绣都拥有着独特的地方特色及浓郁的民族特色，也象征着本地的文化。（图2-11）

图 2-11

（一）彩绣的材料与工具

1. 底布的种类

彩绣的品种及织物的种类繁多，因此，在选择彩绣的底布时应以高支高密的棉布或丝织布为主，还要注意材料的纹理不能太过于复杂，以免不利于针线的穿插，最好选择平纹或是有粗节纹理的布等。极薄的布和厚布都可以使用，但运用的几乎都是素色的布，根据设计，在有图案上的布也能刺绣。经常使用的布有细平布、麻、绢，还有交织织物等。（图2-12）

2. 线的种类

彩绣的线一般以十字绣的线（棉线）或丝线为主，根据不同的针法及彩绣的图案，来选择线的股数量。绣作品时，线的长度不宜过长，否则容易打结或翻卷。有时根据设计及图案的需要，也会运用一些毛线、英国绣线和法国绣线。（图2-13）

3. 其他工具的选择

（1）针的种类——最好选用专用的绣花针，这种针的特点是针细长，适合在布上来回穿插。

（2）剪刀——刺绣专用的剪刀或是小剪刀。

（3）花绷——也称绣框，可以是方形或是圆形的绣框。

（4）大头针——需要准备一盒大头针，因为绣的时候，需要先把绣图复印到一张比较薄的透明玻璃纸上面，大头针是用来把图纸固定用的。

（5）水笔——画图案的时候使用，最好是水溶性的。

（6）绣图——提供图样的图纸。（图2-14、图2-15）

图 2-12

图 2-13

图 2-14

图 2-15

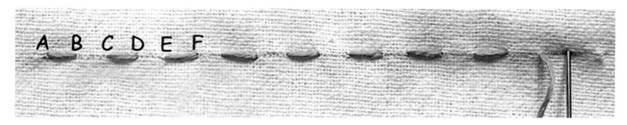

图 2-16

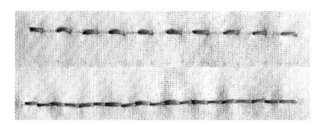

图 2-17

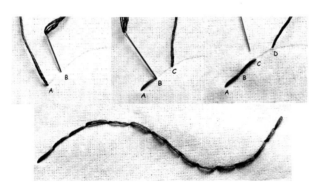

图 2-18

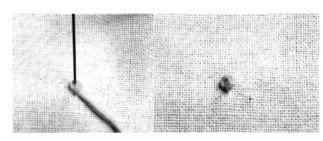

图 2-19

(二)彩绣的基本针法

基本线绣针法组

1. 平伏针法

从 A 穿出,从 B 穿进底布,再从 C 穿出,从 D 再次穿进底布,以此往后推,A 至 B,C 至 D……里面的针脚长度相同。(图 2-16)

2. 双平伏针法

上一行先缝平伏针法,然后像下一行样,在其针法的针脚间隔处往下穿线,再缝平伏针法。(图 2-17)

3. 回式针法

从 A 穿出,从 B 穿进底布,再从 C 穿出,从 B 点再次穿进底布,从 D 点穿出,从 C 点穿进底布,以此类推,进行从右至左的回针缝。(图 2-18)

4. 结子针法

它是以回针缝法为要领,但进行半针回缝,拉线要稍微松些,一般作为花芯。(图 2-19)

花式针法组

1. 缠绕针法

在平伏针法上的针脚上,用其他色的线缠绕在平伏针法上。(图 2-20)

2. 波形穿线针法

在平伏针法上的针脚上,用其他色的线上下交替穿线的技法。(图 2-21)

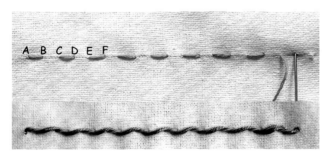

图 2-20

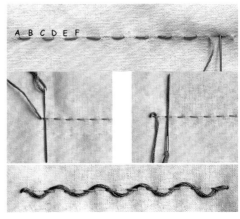

图 2-21

3. 波形来回穿线针法(图2-22、图2-23)

此绣法与波形穿线针法相同,在波形穿线针法的基础上,用其他色的线再从头以相反的方向穿过,达到此图效果。当然我们还可以在此基础上,变换成更多的针法,如下:

(1)变换波形来回穿线针法1。(图2-24~图2-26)

在平伏的针法上,并在波形来回穿线针法的基础上,用其他色的线来回反复将针穿上穿下。

(2)变换波形来回穿线针法2。(图2-27、图2-28)

(3)变换波形来回穿线针法3。(图2-29~图2-32)

平伏针法两行等间隔的刺绣,用别的线再按照图表示的方法,反复来回地进行穿插,并形成一定的规律。

4. 满地绣(图2-33)

将针线从A点穿出,从B点穿进织物,再从离A点较近的位置,从里穿出,再回到B点的附近,反复穿插,形成最后的效果。

5. 平式花瓣针法(图2-34)

用针线从A点穿出,在A点针眼上再次穿到B点,线在针的上方绕上一圈,使它出现一个椭圆形。运用图A的方法,不断地有方向地进行循环,使它最终形成一个花形。

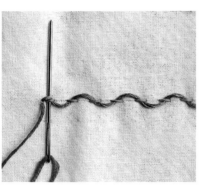

图2-22

图2-23

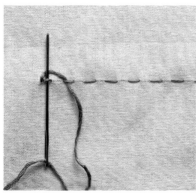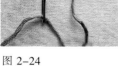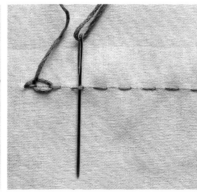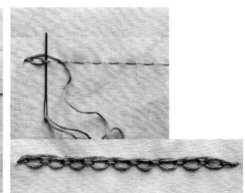

图2-24

图2-25

图2-26

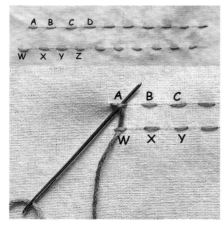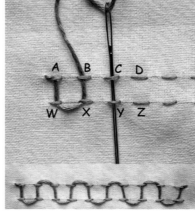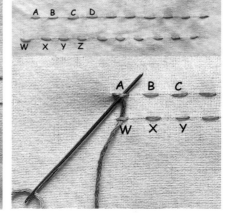

图2-27

图2-28

图2-29

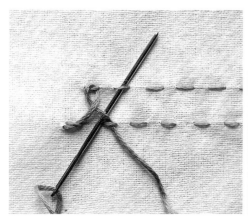
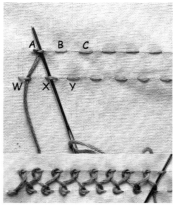
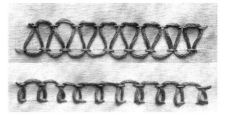

图 2-30　　　　　　　　　　　图 2-31　　　　　　　　　　　图 2-32

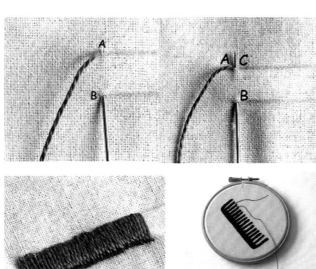

图 2-33

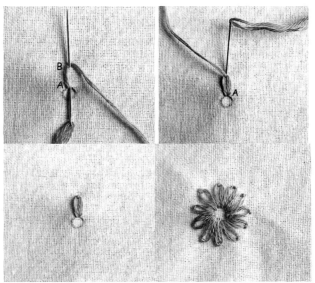

图 2-34

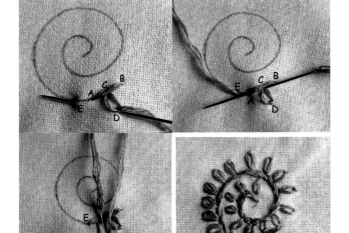

图 2-35

6. 综合式花瓣绣法（图 2-35）

先用铅笔在底布画一个自己所需要的图形。用针线从 A 点穿出，从 B 点穿进底布，从 A 至 B 点的中间点 C 点穿出，用平式花瓣绣法绣一个花瓣，绣完后从 D 点穿进 E 点，再从 E 点穿进 C 点，然后循环地做花瓣。

7. 立体满地刺绣法(图 2-36)

在平式花瓣针法的基础上,走成叶子的形状,如图 A。再像图 B 一样,在叶子里面用平伏针法交叉的方式走满叶子,如图 C。并用满地绣的方式,将叶子来回地绣完,叶子里的平伏针法,主要是让叶子的效果更为立体。

8. 跨线针法(图 2-37)

先用针绕成叶形,在叶子的中间进行固定,再以同样的方法不断地进行循环,用其他色的线以缠绕针法进行缠绕,形成最后的效果。

9. 长法式线结(图 2-38)

如图从 A 点穿出后,将针摆在底布上,用线在针的上面绕上几圈,圈数根据结的大小来定,然后从 B 点穿进底布即可。图 D 为最终效果图。

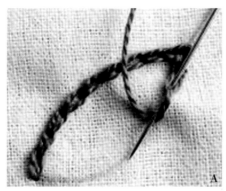

A

B

C

D 图 2-36

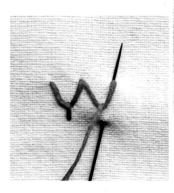

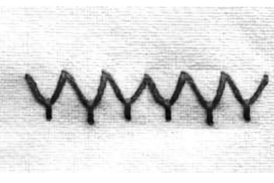

图 2-37

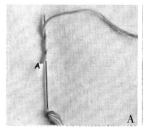

图 2-38

10. 针叶绣法(图 2-39)

用铅笔画出所需的叶子图形,如图 A 中的 A、B、C、D,在 B、C 之间的顶端穿插出一根直线,从 B 线进入从 A 线上穿出后,再从 C 线上穿进;然后,从 C 点进入织物,从 D 点穿出,再从 B 线上穿进织物,来回反复地穿插,最后形成叶子的效果。

11. 平伏变化针法(图 2-40)

在平伏针法的基础上,将针迹按照一定的规则排列,针迹以横向方式走动,然后再如图,将针迹变成竖向,按一定规则走动。

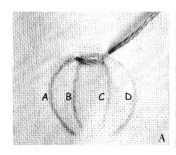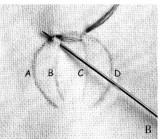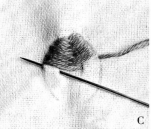

图 2-39

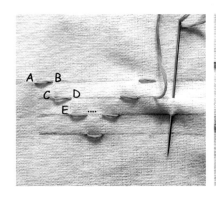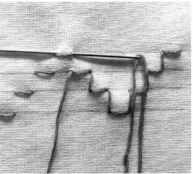

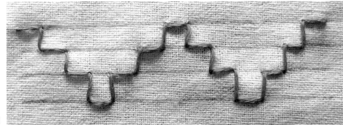

图 2-40

12. 二重穿线针法（图 2-41~图 2-44）

在回式针法的基础上，用其他色的线从 A 点起始穿插，以螺旋的方式进行反复穿插。

13. 二重变换穿线针法（图 2-45~图 2-48）

与二重穿线针法类似，在回式针法的基础上，用其他色的线在每个线点上绕一个圈再走向另一个点。

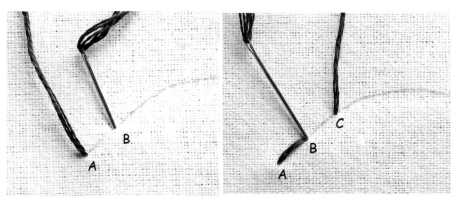

图 2-41

图 2-42

图 2-43

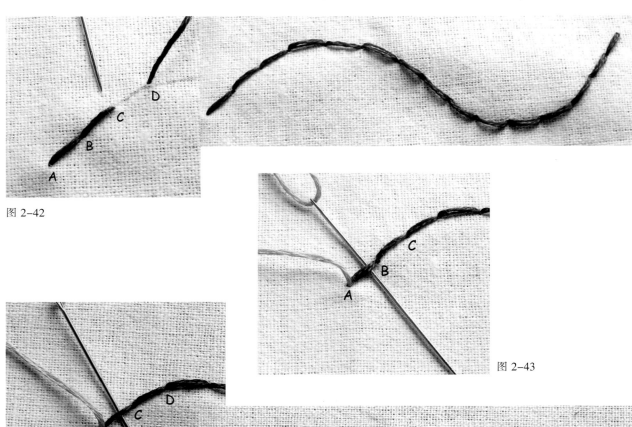

图 2-44

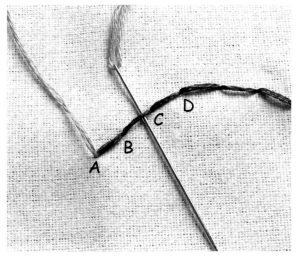

图 2-45

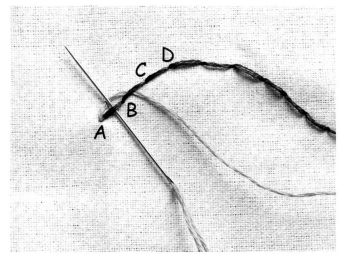

图 2-46

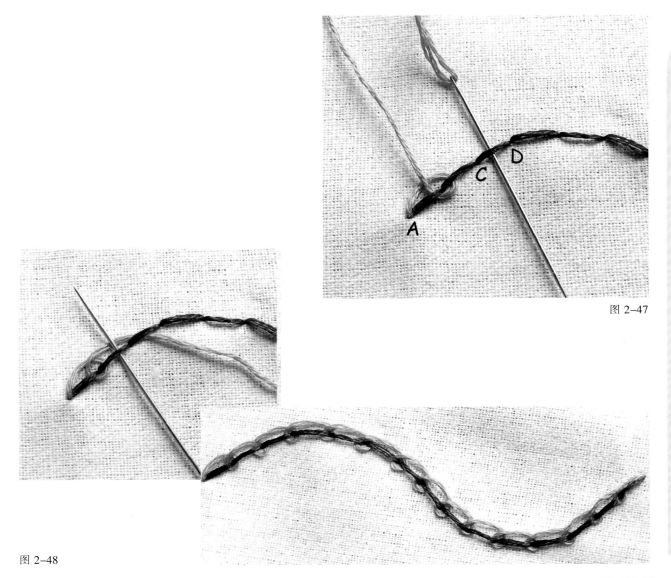

图 2-47

图 2-48

但在此基础上,可以将二重变换穿线针法进行改变,将回式针法做成两行,用其他色的线上下来回进行穿插,形成一定的图案。(图 2-49~图 2-51)

14. 大花结针法

此针法是一种连续刺绣的技法,是将针在织物上来回穿插,用线在针尖部位绕一圈,形成一定的结。在此基础上,也可以将线结进行一定的改变形成另外一种样式。(图 2-52~图 2-60)

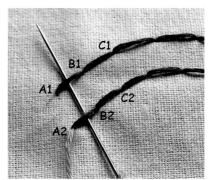

图 2-49

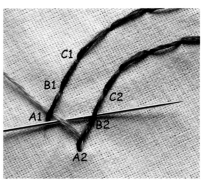

图 2-50

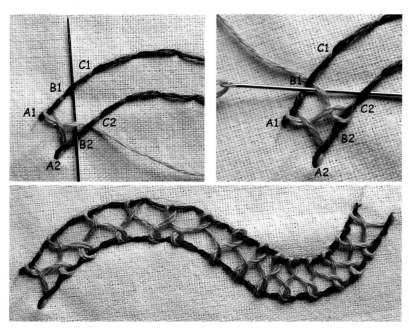

图 2-51

图 2-52

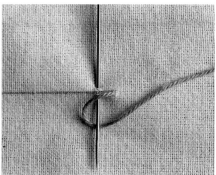

图 2-53

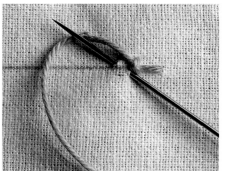

图 2-54

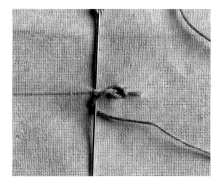

图 2-55

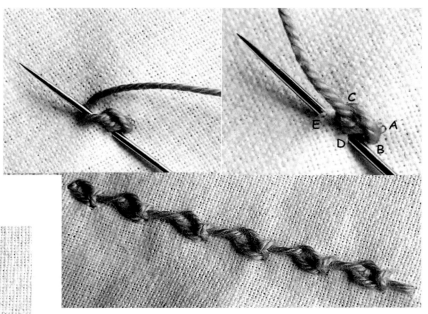

图 2-56

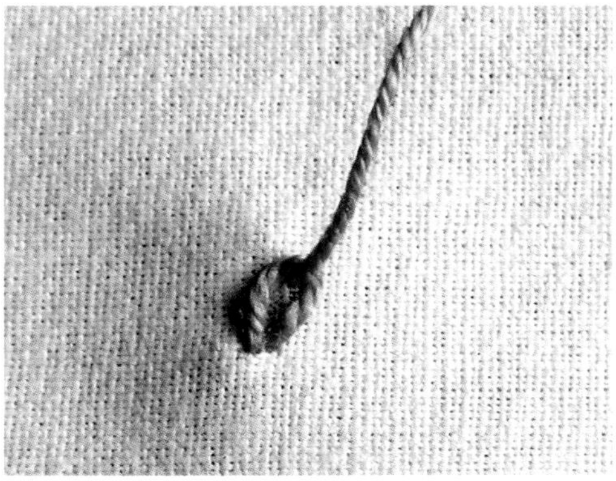

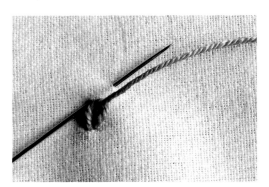

图 2-57

图 2-58

图 2-59

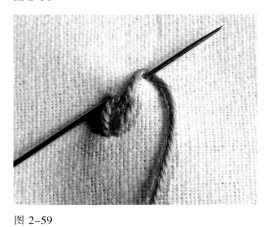

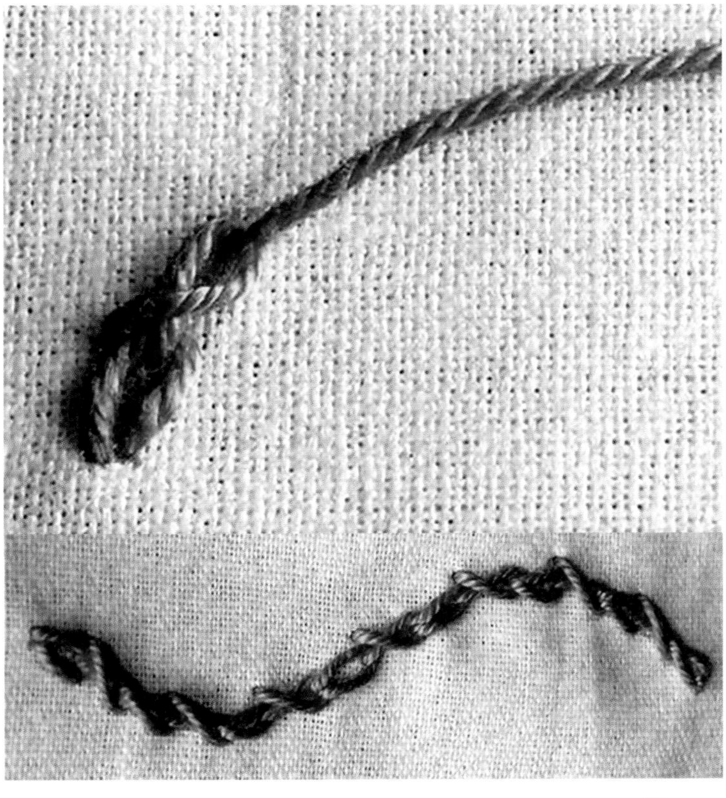

图 2-60

15. 蜘蛛网形针法

将线平均分成五等份,用其他色的线从中间点的底布中穿出,在一个等份的线上不断地绕,反复来回地进行绕圈,形成最终效果。(图 2-61)

16. 绕针圈圈针法

从底布穿出,用针将线弄平弄直,然后用线缠针,多缠绕几道,用左手按住后拔出针,再穿入底布,拉紧线,像图示那样,成花形,针迹要呈现出弧线状,缠在针上的线也就越多。(图 2-62)

17. 复合玫瑰绣法

在蜘蛛网形针法的基础上,用线在五等份的蓝色线上不断上下进行穿插,形成玫瑰状。(图 2-63)

图 2-61

图 2-62

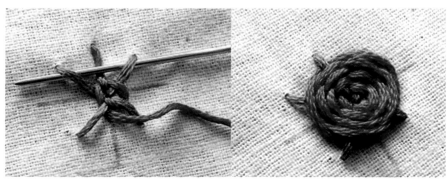

图 2-63

(三)彩绣在服装及装饰品中的应用设计

刺绣工艺在服装款式造型设计中的运用,是装饰性与实用性的统一。它不仅能增强服装的形式美感,而且能增加服装的实用功能。从古至今,刺绣工艺都是高级服装常用的装饰手法,中国的旗袍、日本的和服、欧洲的婚纱都大量运用了这种工艺。在高级时装上,运用刺绣工艺进行装饰来强调服装款式造型,体现服装风格,成为服装设计师非常感兴趣的设计内容,也是服装创新的重要手段。设计中刺绣工艺最集中的地方是袖口、衣领、胸襟、裤脚等处,要综合运用不同形式的刺绣工艺,不同的刺绣工艺会产生不同的效果。

近几年,刺绣在国际舞台的魅力不断地展现,在很多的品牌中,都可以看到不同工艺的刺绣,这些刺绣纹样,图案非常细腻,花型立体,造型方面比较大方朴实,并将中西、现代与传统相互结合,使整个系列的、品牌的服装更具有现代化的风情。我们经常在牛仔面料上,运用上一些东方风情,比如,中国传统的吉祥图案以及一些不对称的中国花卉图案、编织带及锦带拼贴在牛仔上,而且还可以在男鞋及女鞋上采用一定的绣花图案,增加它的本土风情。还有在女式内衣上,特别是针对内秀的女性来说,薄纱上采用一定的刺绣,可以将秀丽与狂野在内衣上完美地结合。(图 2-64)

图 2-64

025

三 珠片绣的基本技法及服饰应用设计

珠片可用于各类服装辅料、装饰品及手工艺品等。它质软飘逸、抖动闪亮。如将珠片缀于毛料、毛针织物上，由于毛料无光，与闪光的珠片形成强烈的对比，也能产生强烈的闪光效果。珠片绣是在中国著名的刺绣基础上发展而来的，现代珠片绣既有时尚、潮流的欧美浪漫风格，又有典雅、底蕴深醇的东方文化和民族魅力。（图 2-65）

（一）珠片绣的概念及特点

珠片绣工艺是以仿珍珠、水晶、钻石等原料或片饰，用线穿合并固定在面料上的手工艺技法，经专业绣工纯手工精绣而成，成品呈现出雍容华贵、富丽、独特的立体美感。单纯的珠绣，一般是由一粒粒直径 3 毫米左右的七彩珠子穿制而成。虽然历史不是那么悠久，但它却用微小的珠子演绎着多彩的文化。在现代时尚社会中，珠片绣属于高档工艺绣品，一般用于丝绸和毛料等高档织物。它装饰高雅、闪烁华丽，很受人们喜爱，特别用于社交聚会、文艺表演、节日庆典、晚宴舞会等场合，具有特殊的魅力。

在司马迁所作的《史记·春申君传》中曰："春申君客三千余人，其上客皆蹑珠履。"由此可知早在汉代就有了用珠子绣制的鞋子。古代谈到珠履的诗文很多，唐代著名诗人李白在《寄韦南陵冰》诗里云："堂上三千珠履客，瓮中百斛金陵春。"又如，武元衡《送裴戡行军》诗云："三千珠履醉不欢，玉人犹苦夜冰寒。"古时贵族家里的太太小姐的鞋用珠嵌编缀就更多了，用珠镶缀鞋袜是极高贵的象征。据传严嵩被劾伏诛后，抄没严东楼（严嵩的儿子）家产时，发现数以百双的男女珠履，因为严东楼的姬妾太多，穷奢极侈，甚至他们的奴婢还"珠履嵌珠如巨菽"呢。唐明皇宠爱杨贵妃，其衣冠的华丽程度自不必说，"安史之乱"时，唐明皇从长安西奔成都，不得不缢死杨贵妃于马嵬坡，贵妃身上的珍物被剥劫一空，后人为了将贵妃奢靡罪行揭示于众，搜集杨贵妃的遗物，找到杨贵妃的一双袜子，袜子上镶满了珠子，这双珠袜在长安展览数月，而观众络绎不绝。

珠片绣又称珠绣，手工珠绣及珠绣加工的成品种类有很多，诸如官服、帽、披肩等，最负盛名的当是"三寸金莲"了。徽州珠绣设计精美、色彩对比强烈，做工精湛。学习徽州刺绣是古徽州小姐们的必修课，是待字闺中或独守空房的妇女打发寂寞时光的最好方法。

珠绣工艺的历史有近百年，玻璃珠绣始于清代光绪年间（1875-1908）。当时吕宋（今菲律宾）华侨回中国，带回玻璃珠绣拖鞋（俗称"吕宋拖"），在福建流传。20 世纪 20 年代初期，一些华侨从海外带回一些玻璃珠，福建漳州匠师们从传统的绣花拖鞋中受到启发，开始用这些进口玻璃珠制成珠绣拖鞋，流传至厦门。当时厦门"活源"商行看到此商机，设法从日本、南洋一带大批量进口一些玻璃珠子，开始尝试在鞋面上绣出各种花鸟图案。从此，小玻璃珠用于生产珠绣工艺品。于是，厦门珠拖便开始流行开了。20 世纪 20 年代，大同路几乎成了珠拖一条街，"活源皮行"从海外进口丝绒、玻璃珠等材料，雇请一些民间艺人制作各式拖鞋，除内销外，还出口到东南亚一带。

玻璃珠绣有全珠绣、半珠绣两种。全珠绣是在产品面料上绣满玻璃珠；半珠绣则是在部分面料上绣制玻璃珠，它和面料的质地、色彩相互辉映，有良好的艺术效果。玻璃珠绣的针法有平绣、凸绣、串绣、粒绣、竖珠绣、叠

图 2-65

图 2-66

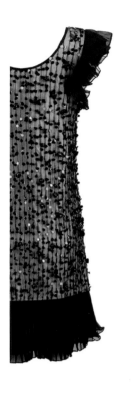

片绣等多种,尤其以有浮雕效果的凸绣最具特色。(图 2-66)

随着时间的推移,珠片绣已不仅仅是传统文化的体现,同时也结合了现代时尚与个性的需求,不失其艺术与审美价值而深受大众的欢迎,从而再次证实了珠片绣在古老手工艺文化中的地位,它是传统手工艺的精髓。从 19 世纪开始到现今,珠片绣就一直被广泛地使用在高级礼服、婚纱、时装、腰带、包、鞋等服饰品上,它带给人的尊贵感受是人类永远所追求的!(图 2-67)

图 2-67

(二)珠片绣的基本技法

1. 工具的准备（图2-68）

线：根据用途，把线按粗细分类。（图2-69）

珠片：根据服装款式要求选择珠片。（图2-70）

针：根据用途来选择针的大小。（图2-71）

面料：根据款式风格来选择合适的面料。（图2-72）

2. 基本操作步骤

珠片绣的表现类似线绣，首先将图案设计好，拷贝在布面上（可以借助复写纸等拷贝工具），再使用针法将珠片按照图形的位置，固定在布面上。最后，收针、收线，作品完成。（图2-73）

(1)仔细观察图纸配色及注意事项，数出绣珠的颜色数量并将图纸颜色与所配珠子进行对比选择。（图2-74）

(2)找到绣布中心点，以中心点数出起针点（通常以图案的最下面一排为起针点）。（图2-75）

(3)起针：起针时，先将绣线尾部打结，在绣布背面穿过几针（注意不要穿透到正面）后，从直针点穿出。

收针：绣线快用完时，将针穿入绣布背面，在绣布背面穿几针，然后直接剪断即可，无须再打结。注意尽量少在绣布上打结。

图 2-68

图 2-69

图 2-70

图 2-71

图 2-72

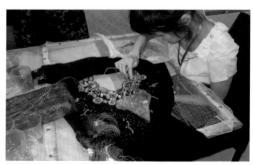

图 2-73

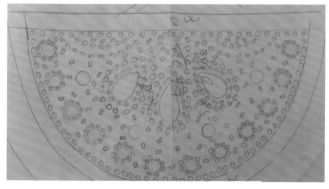

图 2-74

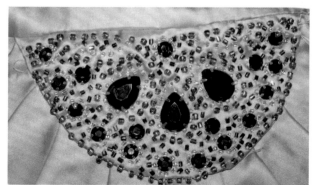

图 2-75

(4)珠绣绣好每一针后,针都是在绣布的正面,只有收针时针才会走到布背面。所以,无须使用绷子来辅助完成。(图2-76)

3. 串珠绣的基本技法(图2-77~图2-80)

4. 亮片绣的技法

(1)把针由下而上地穿缝并穿过亮片。(图2-81)

(2)再把针朝下穿缝,固定亮片。(图2-82、图2-83)

(3)或在亮片上加饰珠子。(图2-84)

5. 立体珠型的表现技法

第一种方法:

(1)先穿一粒小珠,再穿亮片。(图2-85)

(2)亮片上,可根据设计需要加串珠。针由下而上一起穿过。(图2-86)

(3)回针。要注意不要穿过亮片上的串珠。(图2-87)

(4)收针,完成。(图2-88)

第二种方法:步骤如图2-89~图2-92。

图2-76

图2-77　　　　图2-78　　　　图2-79　　　　图2-80

图2-81　　　　图2-82　　　　图2-83　　　　图2-84

图2-85　　　　图2-86　　　　图2-87　　　　图2-88

图2-89　　　　图2-90　　　　图2-91　　　　图2-92

(三)珠片绣的服饰应用设计

　　新鲜的创意永远都会给面料注入活力,使服装有了生命。也许,这正是时装的魅力所在。时代不断在前进,人们对美的追求也在不断地变化着,创新正成为这个时代最为个性的思维方式。珠片绣发展到今天,已由原先传统简单的装饰钉珠,到风格的体现,这当中的装饰语言是越来越丰富了,表现技法也呈现出多样性与个性化,从而带来更多富有多变及个性化的时装,使时装越来越具有内涵,这也是珠片绣设计的追求。

　　珠片绣的服饰应用设计包括:珠型与片型的创意设计、珠片绣的创意纹样设计及珠片的创意色彩搭配设计。设计应依据面料的风格及款式风格而进行。

　　1. 珠型与片型的创意设计

　　常用的珠型有管状、圆珠状、椭圆状等。珠片的产品类型有银底珠片、实色珠片、乳色珠片、彩晶珠片、透明珠片、磨砂珠片、激光珠片、银底彩珠片、木纹珠片、斑点珠片十大系列,每个系列的颜色都有几十种以上。但是,我们的设计常常是体现出一定风格,常有的珠型往往满足不了设计的要求,这就需要我们根据款式、面料风格,对珠型重新设计。这对于现代礼服、婚纱、时装的设计尤为重要。假如,服装的面料是光泽滑爽的缎面料,那么,应选择什么样的装饰珠片?这能体现出专业设计与非专业的区别。首先,我们应先对面料的风格熟知了解,在此基础上根据风格要求选择或设计珠片。高贵的礼服款可选规则型的珍珠、宝石、钻石等,更能体现出着装者的华贵气质;简洁、个性的时装可选时尚的后现代树脂材料或金属材料,更能彰显时尚气息。如果,服装面料是麻面料,麻的粗犷、质朴、自然,适宜采用贝壳、木珠、石头等天然材质,也可以是自我创意的塑料管!当然,时尚是在不停地变化,我们的设计思路也应保持常新。多学、多思考永远是创新的不二法则。(图2-93、图2-94)

图 2-93

图 2-94

2. 珠片绣纹样设计

高级时装的魅力在于其文化内涵的尺度把握及风格创意。最能体现出这些的就当属纹样或图形。当我们在设计中式礼服时，往往会不加思考地选择牡丹、福禄寿等纹样，但这样的设计深度不够，以至作品变得庸俗起来，这与礼服的高雅风格截然相反。如果做中式婚礼服设计，我们就要思考一些有更深吉祥寓意的图案，像金鱼、花生、石榴、百合等；如做高级礼服，我们应创新思维，传统与现代的结合、中式与西式的结合的设计是值得探索的。当珠子与亮片穿连组合而成时，即点为基础，连接成线，线与面的结合能产生出不同厚度、不同密度、不同方向的变化设计。不同类型的珠片组合，不同规格、不同颜色、不同色差的珠片组合，都能形成不同层次、不同样式的装饰效果。（图2-95）

3. 珠片的色彩搭配设计

当然，这是色彩学的范畴。但在这里值得追加考虑的是珠片的光泽感与面料的微妙关系。亮片闪烁的色彩，具有强烈的表现力，设计时应充分利用珠片闪光效果。一般来讲，光滑并且光泽好的面料，应选择光亮度上乘、质感较佳的珠片，这样能体现服装的精致、华贵感。质地较为平实或粗糙的面料，应选择亚光型的或无光泽的珠片，这样更能体现出服装的含蓄、大方、别致。（图2-96）

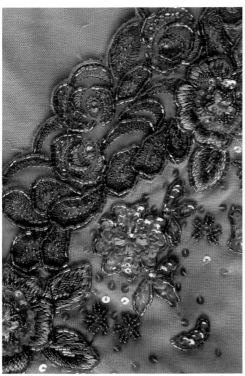

图 2-95

图 2-96

033

四　贴布绣的基本技法及服饰应用设计

贴布手工艺的历史很悠久,在中国最早往往作为穷人补缺衣服破洞的一种方式而存在,只是使衣服起到补强的作用。在中国古代被称为"剪彩""堆纱""包纱""摘绫"等。堆纱,一般指用纱、罗、绫、绸、缎等丝绸面料,背面托纸,剪成预先就设定好的形状,或贴或钉或用刺绣针法使绣片固定在底布上,组成一定的花纹图案。因此,也称为堆绫、贴绫、贴补绣等,在现代拼布中,也使用类似的方法,使得平板的拼布布面显得有层次感、浮雕感。(图2-97)

图 2-97

(一)贴布绣的概念及特点

贴布,又被称为贴花、补绣,是一种将其他布料剪贴绣缝在服饰上的刺绣形式。主要是在底布基础上,用另一种布或皮革剪成适当的形状,构成图案的装饰技法。只缝贴布的中心,使四周浮起的技法称浮贴法,中国苏绣中的贴绫绣即属这一类。其绣法是将贴花布按图案要求剪好,贴在绣面上,也可在贴花布与绣面之间衬垫棉花等物,使图案隆起而有立体感。贴好后,再用各种针法锁边。贴布绣绣法简单,图案以块面为主,风格别致大方。

图 2-98

在家用纺织及床上用品设计中,贴布绣仍被大量采用,图案的内容主要有几何图案、植物图案、抽象纹样等,通过有机的平面组合,以达到一种新颖感,并具有现代生活气息和个性风格的总体效果。也可以运用不同类型的图案及不同的表现方法体现个性风格。在成人床上用品设计中以体现个性艺术风格的图案产品较多,也就是变形图案多、写实少,整体有一种新颖感、个性感,图案大方并富有现代生活气息。在儿童床上用品设计中多以写实为主,充满童趣。

图 2-99

(二)贴布绣的基本技法

1. 工具的准备

底布,选择容易固定贴花布的底布;贴花布,选择能表现图案效果好的材料、不易开线或脱纱的布。(图2-98、图2-99)

线,可根据服装的类型来选择合适的用线。针,可用刺绣针、手针。(图2-100)

2. 基本表现技法

平伏针贴布绣

这种贴布方法可以营造可爱的刺绣效果,在制作儿童刺绣和卡通刺绣时可以渲染绣图效果。(图2-101)

图 2-100

（1）剪裁需要拼贴的布块放于布面。（图 2-102）
（2）在距离布边 1 毫米的地方出针。（图 2-103、图 2-104）
锁边贴布绣（图 2-105）
（1）锁边贴布绣用于贴布时可以防止布边起毛。（图 2-106）
（2）剪裁需要拼贴的布料放置于布面。（图 2-107）
（3）在底布上出针。（图 2-108）

图 2-101

图 2-102

图 2-103

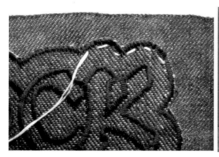

图 2-104

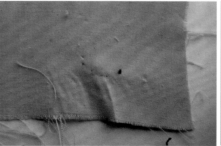

图 2-105

图 2-106

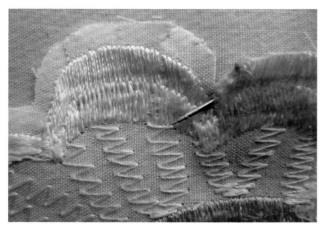

图 2-107

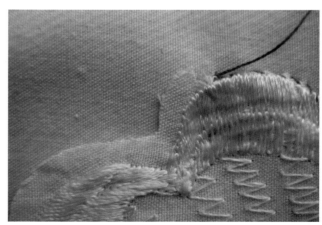

图 2-108

直针缝贴布绣

直针缝贴布绣可以营造随意的贴布风格,适用于很多贴布的地方。(图 2-109)

(1)把要拼贴的布料剪裁好放置于布面上。(图 2-110)

(2)单股绣线在布边出针。(图 2-111)

(3)直接把针插入布边。把线拉入后,再在紧邻第一针的地方出针。

(4)随意地直针围绕图案绣一圈,直针贴布绣就制作好了。

(三)贴布绣的服饰应用设计

近几年来,贴布绣在欧洲各大时装周都有涌现。在服装上运用主要依据底布面料的风格。如是透明的纱或丝绒,贴布应选择精致花卉、植物等图案的布料,当然刺绣的工艺技术也相应较高。如是纯朴的毛料、麻料,贴布应选择简洁大方、亚光、褶皱的自然图案的布料,制作简单,易出效果。这种贴布绣也非常适用于童装。(图 2-112、图 2-113)

图 2-109

图 2-110

图 2-111

图 2-112

图 2-113

五 镂空剪纸绣的基本技法及服饰应用设计

民间剪纸,为聪慧的劳动妇女所创作。它以娴熟的技艺、朴素的技法,利用古今人物、吉祥动物、名贵花草等为素材创作出大量造型奇巧、剪工精湛、生活气息浓重的艺术精品,把人们喜庆、快乐的感情表达得淋漓尽致,是极有欣赏价值的作品。(图 2-114)

图 2-114

(一)镂空剪纸绣的概念及特点

在中国,剪纸是我国民间传统装饰艺术之一。剪纸艺术历史悠久、流传广泛,深受广大劳动人民的喜爱,是人民大众的艺术。剪纸是用剪刀或刻刀在纸上或布面上进行艺术加工的一种形式,手法简洁、造型别致,一般用于装饰,表示喜庆或美化生活。其基本组成单位是剪纸符号,它是通过剪刀或刻刀在纸张或在布面上剪刻而成的最小镂空单位。将剪纸符号按一定的规律简单组合,便形成了剪纸语言(即剪纸花纹)。剪纸作品就是将剪纸语言按照所表达的对象造型组合而成。既保持剪纸的某些特点,又有明显的时代感,一般多反映现实生活。(图 2-115)

图 2-115

我国最早的剪纸作品是 1967 年我国考古学家在新疆吐鲁番盆地的高昌遗址附近的阿斯塔那古北朝墓群中发现的两张团花剪纸,采用的是麻料纸,都是折叠型祭祀剪纸,它们的发现为我国的剪纸形成提供了实物佐证。关于剪纸手工艺艺术的历史,即真正意义上的剪纸,是从纸的出现开始的。汉代纸的发明促使了剪纸的出现、发展与普及。(图 2-116)

图 2-116

图2-117

唐代剪纸已处于大发展时期,杜甫诗中有"暖汤濯我足,剪纸招我魂"的句子,可见剪纸招魂的风俗在当时就已流传民间。现藏于大英博物馆的唐代剪纸均体现出当时剪纸手工艺术已有极高的水平,而画面构图完整地表达了一种天上人间的理想境界。(图2-117)

清代陈云伯《画林新咏》一书中记载:"剪画,南宋时有人能于袖中剪字,与古人名迹无异。近年扬州包钧最工此,尤之山水、人物、花鸟、草虫,无不入妙。"并有诗曰:"剪画聪明胜剪书,飞翔花鸟泳濑鱼;任他二月春风好,剪出垂杨恐不如。"可见当时剪纸风气的盛行和技术的高超。剪纸手工艺术已走向成熟,并达到鼎盛时期。民间剪纸手工艺的运用更为广泛,举凡民间灯彩上的花饰、扇面上的纹饰以及刺绣的花样等等,无一不是利用剪纸作为装饰并再加工的。而更多的是我国民间常常将剪纸作为装饰家居的饰物,美化居家环境,如门栈、窗花、柜花、喜花、棚顶花等都是用来装饰门窗、房间的剪纸。女红是我国传统女性的一个重要标志,作为女红的必修技巧——剪纸,也就成了女孩子从小就要学习的手工艺。

她们从前辈或姐妹那里要来学习剪纸的花样,通过临剪、重剪、画剪,描绘自己熟悉而热爱的自然景物——鱼虫鸟兽、花草树木、亭桥楼阁,以至最后达到随心所欲的境界,信手剪出新的花样来。中国民间剪纸就像一株常春藤,古老而长青,它特有的普及性、实用性、审美性成为为符合民众心理需要的象征物。

(二)镂空剪纸绣的基本技法

1. 材料工具

剪纸镂空绣的材料主要是布、剪刀、胶水(或透明胶)。这里的纸含义较广,凡是平面的、较薄的材料或布料均可用来剪纸。在学校剪纸教学中,常用的纸是蜡光纸和宣纸。颜料运用于套色剪纸时,根据图案内容给剪完的白色图案着色。颜料可以是水彩颜料、水粉颜料和国画颜料,主要以明快、亮丽的色彩为主。(图2-118)

图2-118

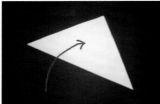

图2-119

图2-120

图2-121

图2-122

图2-123

图2-124

图2-125

2. 剪纸镂空绣图案分类

（1）依据剪纸的纹样大致可以分为：人物、鸟兽、文字、器用、鳞介、花木、果菜、昆虫、山水，如再加上世界珍奇、现代器物两类，共计 11 类。

（2）依据题材的寓意可分为：纳吉、祝福、祛邪、除恶、劝勉、警戒、趣味 7 类。

（3）依据用途可分为：装饰类，贴于它物之上以供欣赏或增加它物之美的剪纸，如窗花。俗信类，用于祭祀、祈福、祛灾、祛邪、祛毒的剪纸，如门神。稿模类，用于版模、印染的剪纸，如绣稿。设计类，能增加它物之美。

3. 剪纸镂空绣步骤

构思图案就是涉及剪什么内容的问题，对于初学者，建议现有的简单图案，可以用线描图，也可以是一幅图，只要自己喜欢就行。当有了一定剪纸基础后，尽可能自己设计图案，力求创新、个性化，这样才有实际意义和价值。

选用一幅图作为剪纸内容时，应根据剪纸艺术特点和表现手法对画面进行勾勒处理，体现出细节，力争反映画面的全貌。

（1）依箭头所示，将纸对折。（图 2-119）

（2）依箭头所示，再将纸对折。（图 2-120）

（3）依箭头所示，对折（辅助线为原位置，便于理解）（图 2-121）

（4）依箭头所示，对折。（图 2-122）

（5）用剪刀剪去一段尾巴，在此基础上剪出雪花图案。（图 2-123）

（6）依照自己的想象，剪出想剪的图案，也可以画好再剪。（图 2-124）

（7）把纸张开，就是你想剪出的好看的图案了。（图 2-125）

（三）剪纸艺术在服装设计中的应用

剪纸在服装中主要是在布料上做裁剪的装饰，图案的大小按衣服的款式需要来定。一般情况下应用于吉祥寓意的服饰中，比如，湖南湘西剪纸称为"锉本"。分别用作衣裤花边、围裙、鞋花、帽花、枕头花等处的刺绣底样。

通过纹样设计的独创性与系列化，将传统与现代、自然景观与服饰文化巧妙地结合在一起，创造出穿透时空、荟萃古今的意境。该服装服饰是在裁剪好的布料、皮革上，根据穿着人的特点裁剪出有镂空效果的花饰图案，再把这些带有花饰图案的布料、皮革缝制固定在需要的位置上，这便成为具有剪纸艺术效果的服装和饰品。（图 2-126）

图 2-126

这种具有剪纸效果的艺术设计,把服装装点得更加美观、漂亮,并且还能时隐时现地把人体某些特点衬托得更美,更有内容。根据图案的寓意,整体服装更是赋予了新的内容及内涵。这种创意性服装是年轻爱美女性的追求,也是服装服饰制作上的一大突破,具有推广应用的价值。(图 2-127)

中国剪纸文化源远流长,是中国传统民间艺术的代表,从中透出的那股浓郁的东方韵味也是中华民族所特有的。虽说剪纸艺术是中国的传统文化,但凭借其独特的风格特性和高度的艺术价值,同样赢得了众多国外设计师的青睐。(图 2-128)

我们经常见到的剪纸印花 T 恤, 它是采用烫印或粘贴的手法将剪纸图案嵌入衣服中, 从而起到装饰效果的。这类服装成本不高,图案也不受限制,所以广受大众欢迎。(图 2-129)

不同的图案有着不同的寓意,与当地传统民俗文化密不可分。图案纹样以当地民俗信仰、岁时节令、神话传说等为表现内容,花样繁多,具有很深的民俗文化内涵。有的设计师喜欢将剪纸元素运用到礼服上,华丽的丝缎与精致细腻的剪纸元素相合,在玲珑有致的东方体态上,达到一种极致奢华的效果。(图 2-130)

图 2-127

图 2-128

图 2-129

图 2-130

六 缎带绣的基本技法及服饰应用设计

缎带绣是在十字绣的基础上发展起来的,以色彩丰富、质感细腻的缎带或丝带为原材料,在棉麻布上,或是常用的帆布上,配用一些常用的针法,在自己绘制的图案上,绣出立体效果的绣品。(图 2-131)

(一)缎带绣的概念及特点

缎带绣是使用织成带状绳的刺绣技法,也可称为洛可可式刺绣或中国丝带刺绣。丝带有着美丽柔和的光泽,刺绣后富有阴影,又有因重叠方法产生的立体感,具有其他刺绣所表现不出的效果。缎带绣产生在法国,流行于洛可可时代,在日本大正初期随法国传教士而传入日本,并逐渐普及得到新的发展。

缎带绣在每种作品当中,套件都配置得相当齐全,每件均配以多种针法,摆脱一般绣品针法单调的特点。为了个性化,很多人都会把自己创意性的想法放进作品当中,去除按部就班的方法,灵活搭配、随心演绎,上手的速度亦极快。

在早些时期,法国的宫廷妇人偶然间发现用传统只是用来做服饰修饰的丝带,随意设计成的鲜花图案绣在布上,它的效果有着令人震惊的漂亮和华贵,因为绣出的绣品不但色彩绚丽,更同时具备丝绸般的高贵细腻。近年来,随着 DIY 产业在国内的蓬勃发展,丝带绣作为一种新兴的手工工艺,远远超过了十字绣的感觉,尤其是立体逼真的刺绣效果和耗工极短的特点。

缎带绣比十字绣的效果更具有一定的创意性及立体性。十字绣用的是最古老、最单纯的针和线,丝带绣的诱惑之处就是它采用的是当今女性为之着迷的丝绸和丝带;十字绣绣出来的产品虽然细腻,但都是平面图;而丝带绣所绣出来的产品不仅仅颜色鲜艳,而且附着一种强烈的立体感。同目前国内非常普及的十字绣相比,丝带绣还有耗时非常少的优点。一般一幅 20 厘米×30 厘米大小幅面的绣品,只需要 2~3 个小时,即可绣制完成。而十字绣则需要更多的时间来完成。十字绣的底布采用的是网格型的布,也就是说十字绣现在就只局限于网格,按着格子绣十字。格子布粗硬,穿在身上不适,不能直接绣在衣服或是桌布等常用面料上。

缎带绣采用的是我们常用的布如棉布、帆布等,既可以绣在十字绣的底布上,也可以根据你喜好绣在桌布或窗帘上,当然布要比较厚一点,以免拉丝。也就是说,缎带绣可以绣在任何布上。而缎带绣采用宽窄不同的丝带,其材质是仿真丝的。丝带的分配根据画的需要而分成很多份,有不透明的,也有透明的。缎带绣可能没有十字绣那么精致,但是图案立体化,颜色鲜艳,使得整个画面明亮、绚丽。

图 2-131

(二)缎带绣的基本技法

1. 缎带绣的材料与工具(图 2-132)

(1)底布的种类

织物是丝带绣的载体,其种类和品种繁多,选用哪一种织物进行刺绣创作取决于刺绣者的爱好和对织物的理解以及创作表现的需要。而且丝带绣的立体感强,针码明显,因此,在选择材料时应以布纹不明显的底布为宜,而且还要注意材料的质地不要过薄,过薄的布容易抽缩起皱,托不住丝带绣的图案。最好选择棉质、绒质、呢质、毛绒、法兰绒等材料做底布,但大部分创作者还是比较中意帆布。

(2)丝带的种类

从丝带的成分可分为真丝带和尼龙丝带。尼龙的比较硬,适合初学者使用,用之前要先用水浸泡后变软才能使用。尼龙丝带一般用来绣绣品的叶子、花瓣。纯真丝丝带(检验方法:将丝带取一小段,用火烧,有烧蛋白质的味道,区别于烧塑料的味道。烧成的灰为轻质的灰,非纯真丝则会是凝结成黏手的黑色胶状物)大都以制作立体花为主。

从宽度上分:目前市场上出售的多为 0.3 厘米/0.5 厘米/0.7 厘米不同宽度的丝带。

图 2-132

从织造组织结构可分为缎面和纱面丝带。

缎带绣可以用缎带、雪纱丝带和真丝丝带。用不同的丝带,最后的成品效果是不一样的。缎带一般较硬、厚。可以用纹理较粗的布,十字绣的绣布也可以。雪纱丝带比缎带柔软一些,用布和缎带用布近似。真丝丝带较为轻薄柔软,可以用纹理细致的布。

(3)丝带绣辅助材料的选择

为了效果的需要,丝带绣过程中经常结合丝线、毛线、珠片等材料。

(4)丝带绣工具的选择

a. 针——最好选用专用的绣花针,这种针的特点是针孔细长,适合穿丝带,针体粗细适中。除此之外,还需要再准备一根缝衣针。

b. 剪刀——剪丝带的时候最好选择斜剪。

c. 花绷。

d. 锥子——用来造型或者拨平没有摆平的丝带,有时候为了穿针方便,也用来在比较密实的底布上扎孔。

e. 大头针——需要准备一盒大头针,因为绣的时候,需要先把绣图复印到一张比较薄的透明玻璃纸上面,大头针是用来固定图纸的。

f. 水溶性水笔——画图案的时候使用。

g. 绣图——提供图样的图纸。

2. 缎带绣的基本针法

(1)回针绣法

图 2-133 在织物上进行底部穿针;图 2-134 以相同距离进行底部穿针;图 2-135 回转针锋从入针处插入,反复循环;图 2-136 为最终效果图。

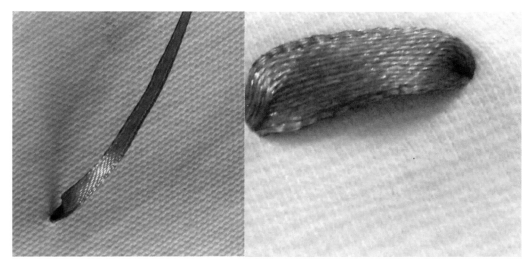

图 2-133

图 2-134

图 2-135

图 2-136

(2)叠合绣法

图 2-137 将针从布的反面穿出;图 2-138 丝带保持图 2-137 那样子的拱形;图 2-139 像图 2-138 一样针从底部丝缎上穿出;图 2-140 反复来回穿出;图 2-141 为最终效果图。

图 2-137

图 2-138

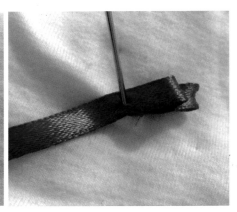

图 2-139

图 2-140

图 2-141

(3)缎纹绣法

针由底布穿出如图 2-142;针紧挨着上针落脚处穿出如图 2-143;同上原理,重复步骤如图 2-144;图 2-145 为最终效果图。

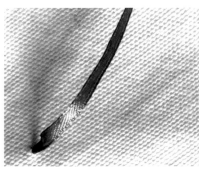

图 2-142

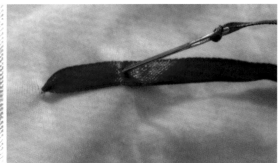

图 2-143

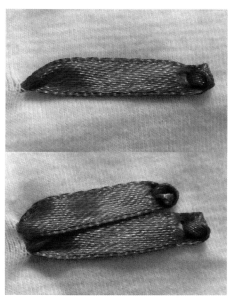

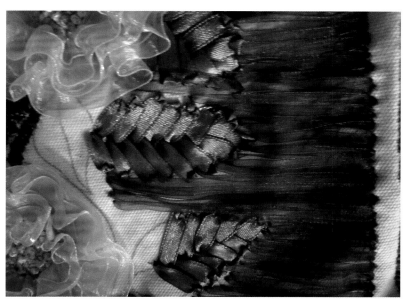

图 2-144

图 2-145

(4)法国豆子针法

从底部拉出丝带,摊平如图 2-146;图 2-147 由上至下挑起丝带旋转,并将丝带调整;图 2-149 针由出针处两毫米入针并往下拉;图 2-150 为最终效果图;图 2-151 为成品图。

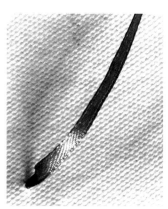

图 2-146

图 2-147

图 2-148

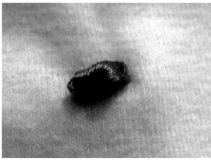

图 2-151

图 2-149

图 2-150

（5）花叶绣法

先从底部拉出丝带，再在对称的任一点处起针，形成拱形如图2-152；针由上针后方（距离适中处）穿入，形成拱形，如图2-153；图2-154按以上的绣法绣出剩余点处；图2-155为完成图。

图2-152　　　　　　　图2-153　　　　　　　图2-154　　　　　　　图2-155

（6）卷曲轮廓绣法

先从底部穿针，如图2-156；再旋转丝带入针，如图2-157；中部回针扭转重复，如图2-158；在绣的时候注意叶子的倾斜度，不能太直；图2-159为完成图。

图2-156　　　　　　　图2-157

图2-158　　　　　　　　　　　　　　　　　　　　图2-159

（7）直叶绣法

先从底布穿针，以回针定直叶的长度，再从丝带的中部穿入，不宜拉紧。（图2-160）

（8）直针叶子绣法

先从叶子顶部绣起，如图2-161；针紧挨着上针落脚处穿出，如图2-162；在绣的时候注意叶子的倾斜度不能太直，如图2-163；图2-164为最终效果图。

图2-160

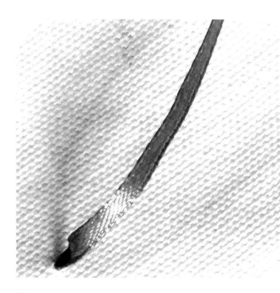

图2-161

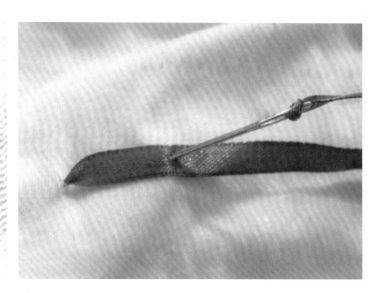

图2-162

图2-163

图2-164

(9)羽毛绣法

回针勿拉紧如图2-165；从丝带内侧拉出如图2-166，回针保持弧度如图2-167；不断重复以上的步骤，如图2-168、图2-169。

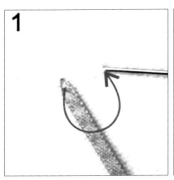

图 2-165

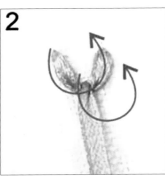

图 2-166

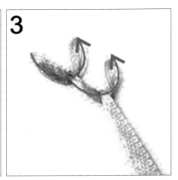

图 2-167

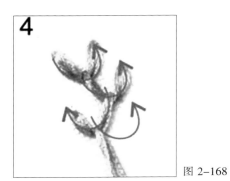

图 2-168

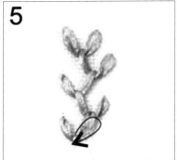

图 2-169

(10)长短针绣法

长针和短针互相交替，缝制前两排，再在画圈处，缝制出长针的位置。（图2-170~图2-174）

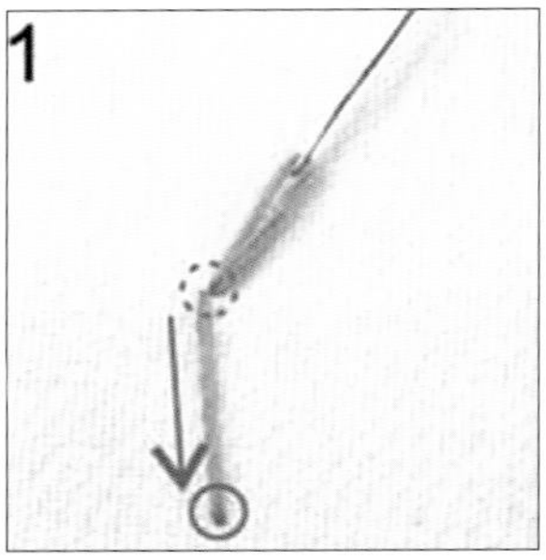

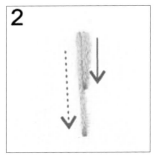

图 2-170

图 2-171

图 2-172

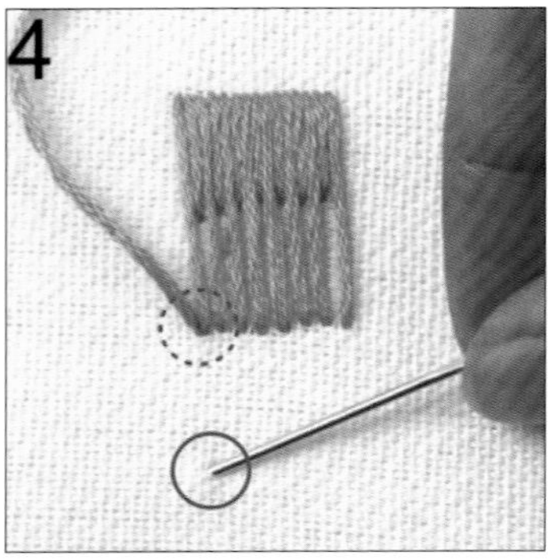

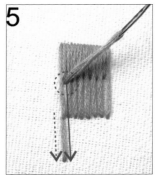

图 2-173

图 2-174

(11)菊叶绣法(图 2-175~图 2-178)

(12)变换菊叶绣法(图 2-179~图 2-184)

(13)菊叶豆针绣法(图 2-185~图 2-188)

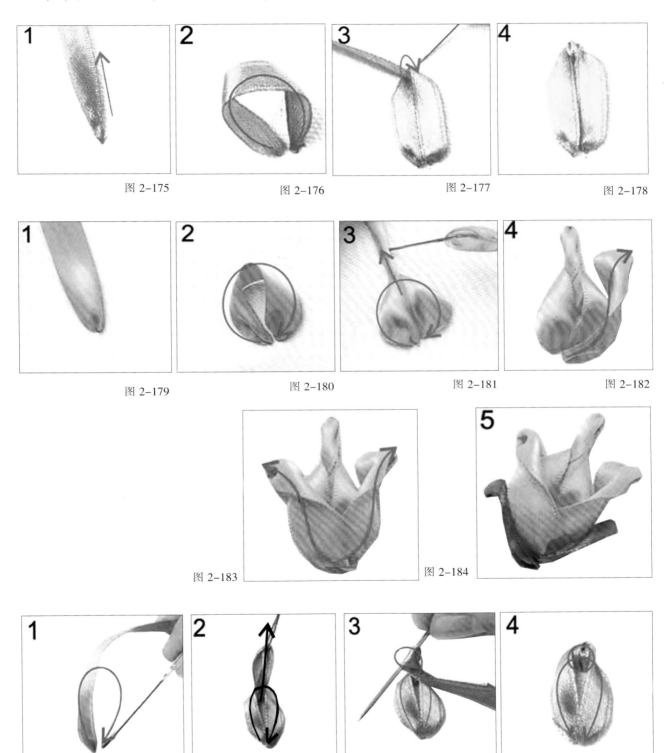

图 2-175　　　　　　图 2-176　　　　　　图 2-177　　　　　　图 2-178

图 2-179　　　　　　图 2-180　　　　　　图 2-181　　　　　　图 2-182

图 2-183　　　　　　图 2-184

图 2-185　　　　　　图 2-186　　　　　　图 2-187　　　　　　图 2-188

(14)绒毛绣法

图 2-189、图 2-190 尾部应该留 3~4 厘米；图 2-191~图 2-193 重复上述的步骤，缝制一排，针脚尽量排成一排，图 2-195、图 2-196 紧挨着第一排的上方起针重复缝制，用剪刀将其修剪平整。图 2-197、图 2-198 为剪完后的效果图。

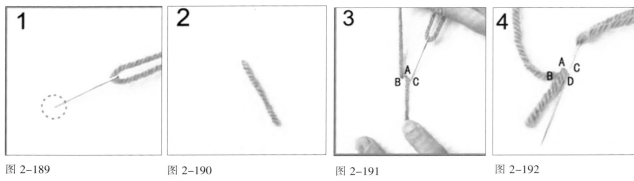

图 2-189　　　　　图 2-190　　　　　图 2-191　　　　　图 2-192

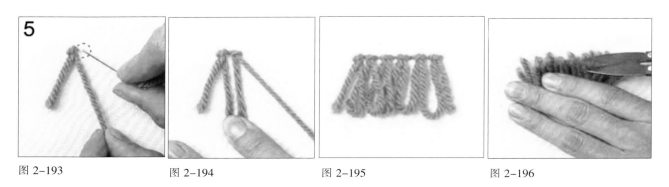

图 2-193　　　　　图 2-194　　　　　图 2-195　　　　　图 2-196

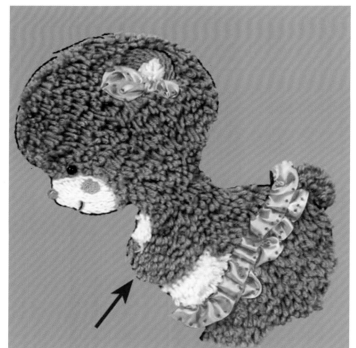

图 2-197

图 2-198

(三)缎带绣在生活中运用

缎带绣的绣品用途尤为广泛,不但能给你的家居摆设锦上添花,你还能将它缝制在心爱的抱枕上、连衣裙的裙摆上、手提袋的面料上、毛衣和外套上,甚至绣在家里餐桌的桌布上等等。总之,只要在你想绣的地方,你都可以看到它浪漫的身影。(图 2-199~图 2-203)

图 2-199

图 2-200

图 2-201

图 2-202

图 2-203

思考与练习

1. 名词解释:彩绣、缎带绣、珠片绣。

2. 思考刺绣未来的发展前景。

3. 制作一幅 50 厘米×50 厘米的彩绣作品。

　　要求:准备好绣绷、丝线或棉线、剪刀等工具。

　　(1)面料最好采用绸缎质地。

　　(2)绣工精致、色彩搭配协调。

　　(3)技法、形式不限。

4. 制作一幅 50 厘米×50 厘米的缎带绣作品。

　　要求:准备好绣绷、缎带线、剪刀等工具。

　　(1)面料最好采用绸缎质地。

　　(2)绣工精致、色彩搭配协调。

　　(3)技法、形式不限。

5. 制作一幅 50 厘米×50 厘米的珠片绣作品。

　　要求:准备好绣绷、珠片、棉线、剪刀等工具。

　　(1)面料最好采用绸缎质地。

　　(2)绣工精致、色彩搭配协调。

　　(3)珠片、技法、形式不限。

第三章　手工编织

导读

线类编织技术就是利用织针把各种原料和品种的纱线构成线圈,再经串套连接成针织物的工艺过程。线类针织物质地松软,有良好的抗皱性与透气性,并有较大的延伸性与弹性,穿着舒适。线类针织产品除供穿着和装饰用外,还可用于工农业、医疗卫生和国防等领域。毛线针织分手工针织和机器针织两类。手工针织使用棒针,历史悠久,技艺精巧,花型灵活多变,在民间得到广泛流传和发展。

在我国,1982年在江陵马山战国墓出土丝织品中有带状单面纬编两色提花丝针织物,是至今已发现最早的手工针织品,距今约2200年。根据这一文物可以推断中国手工针织的起源还要更早一些。到19世纪末叶,光绪六年(1880)左右,国外输入商品的种类日益增多,就有洋行推销"毛冷"。这"毛冷"其实就是毛线头绳,"冷"是英文"line"的译音。毛冷的颜色远比纱线、丝线繁多鲜艳,受到爱美的女孩子普遍欢迎,所用扎头绳便以毛冷为主。20世纪初,中国还没有自己的国产毛线,女孩子扎辫子的头绳都是手工做的毛线、丝线。随着毛线的需求大幅度增长,毛线不仅用于妇女扎发,而且随编结法的推广,大量用于编织毛衣。(图3-1)

现存最完整的真正的针织品,是公元1100年左右的具有精美图案的埃及针织袜子,由于埃及干燥的空气和温暖的黄沙得以保留。虽然不知道这些具有精美图案的针织短袜是本土的产品还是舶来品(有些特征像是源自印度),但可以确定它们在埃及盛行了很长时间。

这种针织技术很快便沿着北非传入西班牙。当时的羊毛椅垫保留至今,上面装饰有几何图案和优美的花鸟,其采用的抽股技术和现在埃及的设德兰群岛(shetland)(苏格兰东北之群岛)采用的技术如出一辙。从技术上讲,埃及的图案比西班牙的图案更复杂。早期的针织工人可能使用了带针钩的织针,在12世纪的土耳其坟墓中发现了这种织针。

有关针织的知识在西班牙通过教堂传播开来。西班牙不仅是欧洲针织的发祥地,丝绸文化也通过摩尔人传入欧洲。丝因为其细而长的纤维成为针织的天然伴侣,礼拜仪式用的针织手套是最早的丝针织品之一。针织在意大利有历史记载是在13-14世纪,英国是在15世纪,苏格兰再稍迟一些。据说在1560年传至冰岛(可能自荷兰传入),再后传入斯堪的纳维亚半岛。

这种非常精细的丝针织品在相当长的时间里保持着奢侈品的地位。即使是盛极一时的亨利八世也很难觅到丝针织袜子,据编年史所载,仅曾在西班牙境外偶得一双。到他的女儿伊丽莎白继位时,精细的手工针织袜子已可由宫廷女工编织。

由此可见,在16世纪以前,针织产品一直处于服饰配件的地位,而针织服装主要是内衣,寿命很短很难保存。目前幸存的针织服装可谓"凤毛麟角"。现在能看到的最古老的碎片是在哥本哈根发现的一只针织袖子,也可能是针织衬衫的一部分,年代可能在17世纪。之后出现了手工编织的苏格兰渔夫衫,式样简单、穿着方便、运动自如,很适合渔夫出海打渔时穿着。

图3-1

1589年英国的威廉·李(William Lee)从手工编织中得到启示,发明创制了第一台手摇针织机,是世界上第一台手动式钩针针织机。从此,针织生产由手工作业逐渐向机械化发展。

1817年英国的马歇·塔温真特发明了针织机和带舌的钩针,使欧洲的针织袜业得到迅速发展——从手动式发展为自动式生产。由此,针织品从袜子到内衣,甚至是外衣都能编织了。从第一次世界大战(1914-1918)起,针织品的需求量越来越大,1920年左右已开始流行针织毛衣了。

进口毛线自进入中国市场后,精明能干的家庭主妇们很快就发觉了它的许多优点:不仅色彩、粗细、规格品种繁多,还可以反复拆拆结结,且美观保暖、经济实惠。毛线很快就风靡市场,当时的妇女几乎个个都会编结毛线。随之毛线的发展道路越走越宽。

根据编织不同的工艺特点,针织生产分纬编和经编两大类。在纬编生产中,原料经过络纱以后便可把筒子纱直接上机生产。每根纱线沿纬向有序地垫放在纬编针织机的各只织针上，以形成纬编织物。在经编生产中，原料经过络纱、整经，纱线平行排列卷绕成经轴，然后上机生产。纱线从经轴上退解下来，各根纱线沿纵向各自垫放在经编针织机的一只或最多两只织针上，以形成经编织物。在某些针织机上也有把纬编和经编结合在一起的方法。这时在针织机上配置有两组纱线，一组按经编方法垫纱，而另一组按纬编方法垫纱，织针把两组纱线一起构成线圈，形成针织物。由同一根纱线形成的线圈在纬编针织物中沿着纬向配置，而在经编针织物中则沿着经向配置。（图3-2）

一　手工编结的基本技法及服饰应用设计

（一）中国结——手工编结艺术的集大成者

　　中国结，它身上所显示的情致与智慧正是中华古老文明中的一个侧面。它是由旧石器时代的缝衣打结，推展至汉朝的礼仪记事，再演变成今日的装饰手艺。周朝人随身佩戴的玉常以中国结为装饰，而战国时代铜器上也有中国结的图案，延续至清朝，中国结真正成为流传于民间的艺术，当代多用于室内装饰、亲友间的馈赠礼物及个人的随身饰物。因为其外观对称精致，可以代表中华民族悠久的历史，符合中国传统装饰的习俗和审美观念，故命名为"中国结"。（图3-3）

　　由于年代久远，漫长的文化沉淀使得中国结渗透着中华民族特有的、纯粹的文化精髓，富含丰富的文化底蕴。中国人是龙的传人，龙神的形象在史前时代，是用绳结的变化体现的。"结"字也是一个表示力量、和谐、充满情感的字眼，无论是结合、结交、结缘、团结、结果，还是结发夫妻、永结同心，"结"给人都是一种团圆、亲密、温馨的美感。"绳结"这种具有生命力的民间技艺也就自然作为中国文化的精髓，流传至今。（图3-4）

　　中国结不仅具有造型、色彩之美，而且皆因其形意而得名，如盘长结、藻井结、双钱结等，体现了我国古代的文化信仰及浓郁的宗教色彩，也体现了人们追求真、善、美的良好的愿望。在新婚的帖钩上，装饰一个"盘长结"，寓意一对相爱的人永远相随相依；在佩玉上装饰一个"如意结"，引申为称心如意、万事如意；在扇子上装饰一个"吉祥结"，代表大吉大利、吉人天相、祥瑞美好。

图3-2

图3-3

图3-4

中国人很久以前便学会了打结。而且"结"也一直在中国人的生活中占了举足轻重的地位,"结之"所以具有这样的重要性,主要是因为它是一种非常实用的技术。这可以从许多史料和传统习俗中见出端倪。

早在旧石器时代末期,也就是周口店山顶洞人文化的遗迹中,便发现有"骨针"的存在。既然有针,那时便也一定有了绳线,故由此推断,当时简单的结绳和缝纫技术应已具雏形。《周易·系辞》载,"上古结绳而治,后世圣人易之以书契",而郑玄又注称:"大事大结其绳,小事小结其绳。"而在战国铜器上所见的数字符号上都还留有结绳的形状,由这些历史资料来看,绳结确实曾被用作辅助记忆的工具,也可说是文字的前身。

最早的衣服没有今天的纽扣、拉链等配件,所以若想把衣服系牢,就只能借助将衣带打结这个方法。中国人一向有佩玉的习惯,历代的玉佩形制如玉璜、玉珑等。在其上都钻有小圆孔,以便于穿过线绳,将这些玉佩系在衣服上。另外,还有一种成套的玉佩,是由好几种不同的玉佩组合成琳琳琅琅的一长串,而其联结的方法当然也非靠穿绳打结不行。

古人有将印监节佩挂在身上的习惯,比如,流传下来的汉印,方方都带有印钮。而古代铜镜背面中央都铸有镜钮,可以系绳以便于手持。由这两个地方不难看出,绳结在中国古代生活中的应用相当广泛。

古人喜欢用锦带编成连环回文式的结表达相爱的情愫,并美其名曰"同心结"。梁武帝诗词中有:"腰间双绮带,梦为同心结。"而唐朝的教坊乐曲中,尚有"同心结"这个词牌名。宋代词人张先写过"心似双丝网,中有千千结",形容失恋后的女孩思念故人、心事纠结的状态。在古典文学中,"结"一直象征着青年男女的缠绵之情。人类的情感有多么丰富多彩,"结"就有多么千变万化。"结"在漫长的演变过程中,被多愁善感的人们赋予了各种情感愿望。

东晋大画家顾恺之所绘《女史箴图》相当真实地反映了当时的社会面貌,我们可以由画中了解当时妇女装饰之一斑。例如,在画中仕女的腰带上,就发现有单翼的简易蝴蝶结作为实用的装饰物。另外,在唐代永泰公主墓的壁画中,有一位仕女腰带上的结,就已经是我们现在通称的蝴蝶结了。至于结的表意价值,历代文人墨客有大量生动的描写,纵观中国古代诗词歌赋,从中我们不难发现,绳结已超越了原有的实用功能,并伴随着中华民族的繁衍壮大、生活空间的扩展、生命意义的增加和社会文化体系的发展而世代相传。《诗经》中关于结的诗句有:"亲结其缡,九十其仪。"这是描述女儿出嫁时,母亲一面与其扎结,一面叮嘱女儿注意许多礼节时的情景,这一婚礼上的仪式,使"结缡"成为古时成婚的代称。

到了清代,绳结发展至非常高妙的水准,式样既多,名称也巧,简直就把这种优美的装饰品当成艺术品一般来讲究。在曹雪芹著的《红楼梦》第三十五回"白玉钏亲尝莲叶羹,黄金莺巧结梅花络"中,有一段描述宝玉与莺儿商谈编结络子(络子就是结子的应用之一)的对白,就说明了当时结子的用途,饰物与结子颜色的调配,以及结子的式样名称等问题。结子之为用在当时很广,比方亲友间喜庆相赠的如意,件件都缀有错综复杂、变化多端的结子及流苏。日常所见的轿子、窗帘、帐钩、扇坠、笛箫、香袋、发簪、项坠子、眼镜袋、烟袋以及书画挂轴下方的风镇等日用物品上,也都编有美观的装饰结子,有时候这些结子还另具吉祥的含义。

民国以来,由于西方观念如科学技术大量输入,使我国原有的社会形态和生活方式产生重大的改变,再加上对于许多固有的文化遗产并未善加保存和传扬,以致许多实用价值不高,而制作费时费事的传统文化和技艺逐渐式微,甚至在不断朝现代化蜕变的社会中湮灭。中国传统的编结技艺就是一个最好的例子。不管是用动物纤维或用植物搓成的绳线,都受到先天条件的限制,终究经不起经年累月的各种物理和化学侵蚀,而无法长久流传于后世,现在所能找到的附属于器物上的绳结,最古老的也只是清代遗物。(图3-5)

图3-5

(二)中国结的基本技法

1. 工具的准备

(1)线

编制结饰时，主要的材料是线，线的种类很多，包括丝、棉、麻、尼龙、混纺等。但究竟采用哪一种线，得看要编哪一种结，以及结要做何用途而定。一般来讲，编结的线纹路越简单越好。为了结的纹饰不会被破坏，线的本身的美感不会干扰，所以线的硬度要适中。如线太硬，则编结操作不便；线太软，则编不出结的挺拔，轮廓不清晰、棱角不突出。在线的粗细上，首先要看饰物的大小和质感。形大质粗的物品，宜配粗线；精致小巧的物件宜配较细的线。如扇子、风铃等具有动感的器物下的结饰，宜采用质地柔软的线，使结与物能合二为一，增强器物的韵律之美。(图3-6)

(2)图钉、镊子、针

在编较复杂的结时，可以在一个纸盒上利用图钉固定线路。一般来说，普通形式的尖头图钉就很适用，长头图钉可能反而使手指不易在钉之间穿梭往来。一根线要从别的线下穿过时，也可利用镊子和钩针来辅助。结饰编好后，为固定结形，可用针线在转折处稍微钉几针。

(3)剪刀

为了修剪多余的线，一把小巧的剪刀是必需的工具。(图3-7)

(4)装饰物

除了用线以外，一件结饰往往还包括镶嵌在结仁面的圆珠、管珠，做坠子用的各种玉石、金银、陶瓷、珐琅等饰物，如果选配得宜，就如红花绿叶相得益彰了。(图3-8)

(5)制作工艺

编结主要是靠一双巧手，古人编结时让线在手中盘绕，就能编出各式优美的结形。一件结饰要讲求整体美，不仅用线要得当，结子的线纹要平整，结形要匀称，还有结子与饰物的搭配关系也要多考虑，两者的大小、质地、颜色及形状都应该能够配合并相辅相成才是好。

选线也要注意色彩，为古玉一类古雅物件装饰编结时，宜采用含蓄的色调，诸如咖啡或墨绿；而为一些

图3-6

图3-7

图3-8

形制单调、色彩深沉的物件编配装饰结时,若在结中夹配少许色调醒目的细线,譬如金、银或者亮红,立刻会使整个物件栩栩如生、璀璨夺目。

2. 基本技法

(1)双钱结

形如双钱而得名,具有美好、吉祥的寓意(图 3-9~图 3-13)

图 3-9

图 3-10

图 3-11

图 3-12

图 3-13

（2）云雀结

云雀结是一种比较实用的结饰，至今仍是手链、项圈、打结常用的编结方式。

采用左右不同的线，目的在于清晰地知道线的穿插走向，便于教学，熟练后，采用单色线使物件更整体、美观。（图3-14~图3-18）

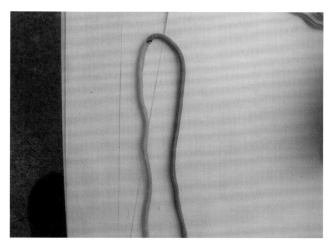

图 3-14

图 3-15

图 3-16

图 3-17

图 3-18

图 3-19

（3）蛇结（金刚结）

蛇结形如蛇腹，象征金玉满堂、平安吉祥。（图 3-19~图 3-22）

重复以上步骤形成最后的效果。（图 3-23）

（4）凤尾结

凤尾结常用于女性高档旗袍上的盘扣的装饰，造型优美富态。

（图 3-24~图 3-29）

图 3-20

图 3-21

图 3-22

图 3-23

图 3-24

图 3-25

图 3-26

图 3-27

图 3-28

图 3-29

（5）双边平结

双边平结也是一款实用的结饰，需用两根绳饰编结。（图 3-30~图 3-37）

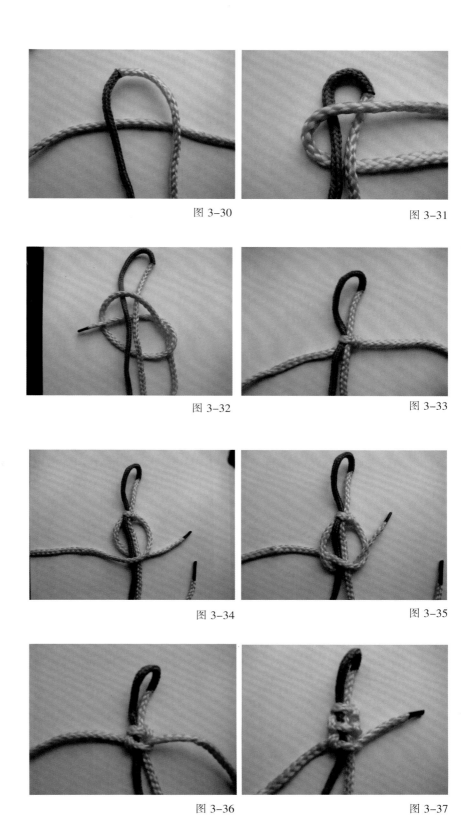

图 3-30　　　　　　　　　　　图 3-31

图 3-32　　　　　　　　　　　图 3-33

图 3-34　　　　　　　　　　　图 3-35

图 3-36　　　　　　　　　　　图 3-37

（6）双耳结

双耳结也是一款重要的装饰结，很具女性意味。（图 3-38~图 3-43）

图 3-38

图 3-39

图 3-40

图 3-41

图 3-42

图 3-43

二 手工棒针编织的基本技法及服饰应用设计

棒针编织是最近才流行起来的一种编织技巧。在手工棒针的工艺过程中，成圈是最基本的工艺。成圈过程可按顺序分解成退圈、垫纱、弯纱、带纱、闭口、套圈、连圈、脱圈、成圈、牵拉十个阶段，这些过程的巧妙利用，就创造了手工针织品既纷繁复杂，又美轮美奂的花样，最能体现出手工智慧的特点。

手工棒针编织是最传统、最常见的一种手工毛线编织技术。一般所使用的编织针长度大约在25厘米到35厘米之间，最长不超过50厘米，通过退圈、套圈、连圈、脱圈、闭口等编织程序形成针织物。同时借助一些编织技术如正针、平针、反针、漏针等，创造出各种花色。棒针编织工艺多样化，通常采用疏密对比、经纬交叉、穿插掩压、粗细对比等手法，使之在编织平面上形成凹凸、起伏、隐现、虚实的浮雕般的艺术效果，增添了服装的空间层次，使之产生了不一般的服装艺术魅力，同时也显示了精巧的手工技艺，彰显出人类智慧与劳动的可贵。

棒针编织有着简单易学、经济实用的特点，曾在20世纪八九十年代，风靡我国的农村地区。现在还有很多家庭留有那时自制的手工毛线编织制品。当时在农村地区的非农忙时节，尤其是在冬季，随处可见三三两两地聚在一起，手拿毛线正在编织的妇女，还有正在学习编织的女孩，那个时代的女孩不会编织或编织技术很差都会被周围的人笑话的。由此可见棒针编织在当时的流行程度。就算在现今，最流行的棒针编织物——围巾，俨然成为青年女学生作为最珍贵的礼物赠送给亲密朋友的流行物件，一时之间蔚然成风，成为一种时尚。(图3-44)

(一)棒针编织的基本技法

1. 工具的准备

针：可根据织物的大小或线的粗细来选择合适的针。可以是木质的、塑料质的、金属质的。(图3-45)

线：以纯毛线或棉线为主。(图3-46)

图3-44

图3-45

图3-46

棒织的技巧：

(1)左手带线而不是挂线,这样就省去了右手需划弧绕线的时间。因此,至少可提高25%编织速度。

(2)由于是左手直接带线,编织时只有两只手在动,而不需小臂再做频繁激烈的运动,因此,还可大大降低体能消耗,即降低劳动强度。为此,便可称之为节能型编织方法。

(3)由于是左手在针上直接带线,织正反针同样可容易地掌握带线的松紧度,并且编织出来的产品,其平整度和松紧度都非常均匀。

(4)由于正反针的带线方式相同,编织花样时或几种彩色线搭配时,效果更佳。

(5)假如您既会左手又会右手(传统编织方法)编织的话,可以左手带一条线,右手带一条线,左右手先后一起编织,两条线互不干扰。这是传统的右手带线方法所不能实现的。(图3-47)

2.基本针法

(1)棒针起针方法：

a. 平针起针法(图3-48~图3-52)

b. 简易的单边起针法(图3-53~图3-68)

注意上下针的摆放位置。

图 3-47

图 3-48

图 3-49

图 3-50

图 3-51

图 3-52

图 3-53

图 3-54

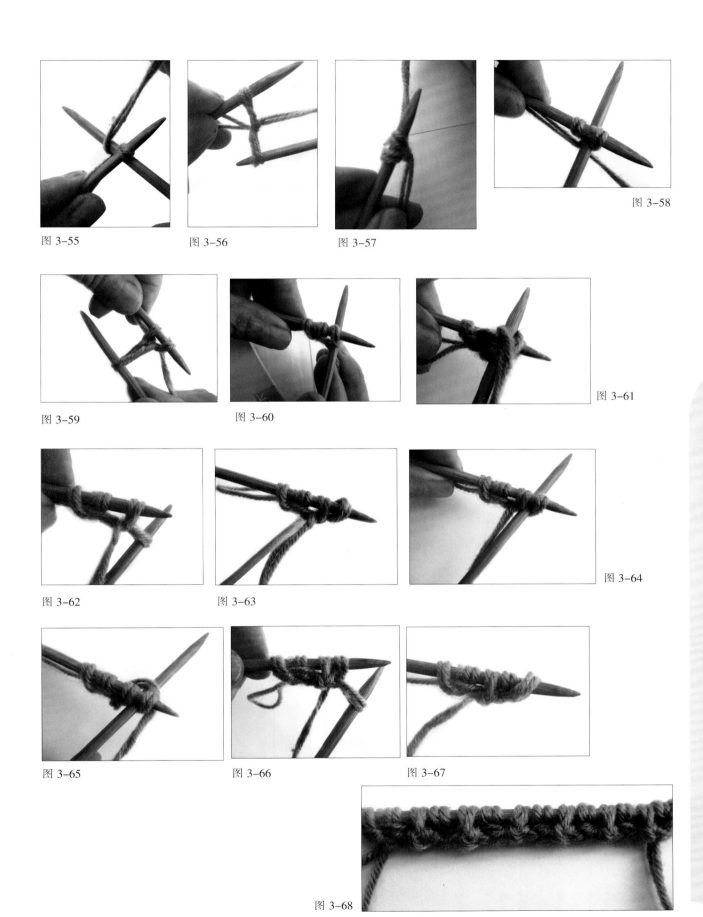

图 3-55

图 3-56

图 3-57

图 3-58

图 3-59

图 3-60

图 3-61

图 3-62

图 3-63

图 3-64

图 3-65

图 3-66

图 3-67

图 3-68

（2）收针方法：

a. 平针收针法。（图 3-69～图 3-75）

图 3-69

图 3-70

图 3-71

图 3-72

图 3-73

图 3-74

图 3-75

b. 螺纹收针法。（图 3-76~图 3-91）

图 3-76

图 3-77

图 3-78

图 3-79

图 3-80

图 3-81

图 3-82

图 3-83

图 3-84

图 3-85

图 3-86

图 3-87

图 3-88

图 3-89

图 3-90

图 3-91

（3）下针示意图。（图 3-92~图 3-96）

图 3-92

图 3-93

图 3-94

图 3-95

图 3-96

（4）上针示意图（图 3-97~图 3-101）
（5）滑针示意图（图 3-102~图 3-112）

图 3-97

图 3-98

图 3-99

图 3-100

图 3-101

图 3-102

图 3-103

图 3-104

图 3-105

图 3-106

图 3-107

图 3-108

图 3-109

图 3-110

图 3-111

图 3-112

075

(6)空针示意图

用空针针法编织,成品出来就会具有镂空效果的花色。(图 3-113~图 3-122)

图 3-113

图 3-114

图 3-115

图 3-116

图 3-117

图 3-118

图 3-119

图 3-120

图 3-121

图 3-122

(7)创新花色针法

根据上述的基本针法,设计出的新花样。(图 3-123~图 3-127)

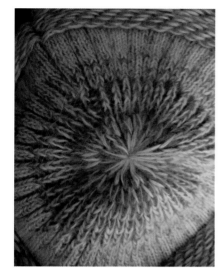

图 3-123

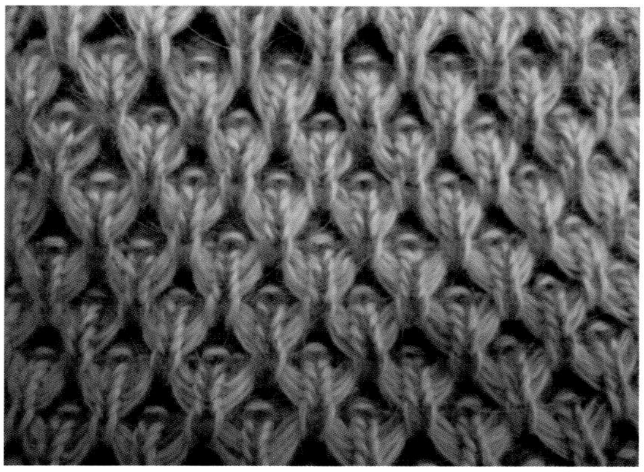

图 3-124

图 3-125

图 3-126

图 3-127

(二)棒针编织的服饰应用设计

1. 利用针织物的卷边性

针织物的卷边性是由于织物边缘线圈内因力的消失而造成的边缘织物包卷现象。卷边性是针织物的不足之处。它可以造成衣片的接缝处不平整或服装边缘的尺寸变化，最终影响到服装的整体造型效果和服装的规格尺寸。但并不是所有的针织物都具有卷边性，而是如纬平针织物等个别组织结构的织物才有，对于这种织物，在样板设计时可以通过加放尺寸进行挽边、镶接螺纹或滚边及在服装边缘部位镶嵌黏合衬条的办法解决。有些针织物的卷边性在织物进行后整理的过程中已经消除，避免了样板设计时的麻烦。需要指出的是，很多设计师在了解面料性能的基础上可以反弊为利，利用织物的卷边性，将其设计在样板的领口、袖口处，从而使服装得到特殊的外观风格，令人耳目一新，

图 3-128

图 3-129

图 3-130

特别是在成型服装的编织中，还可以利用其卷边性形成独特的花纹或分割线。

2. 注意针织物的脱散性

针织面料在风格和特性上与梭织面料不同，其服装的风格不但要强调发挥面料的优点，更要克服其缺点。由于个别针织面料具有脱散性，样板设计与制作时要注意有些针织面料不要运用太多的夸张手法，尽可能不设计省道、切割线，拼接缝也不宜过多。（图 3-128~图 3-130）

三　手工钩针编织的基本技法及服饰应用设计

钩针编织就是以螺纹棉花线钩成的白色蕾丝钩针编织，是创造织物的一种方式，通过一支钩针可将一条线编织成一片织物，进而将织物组合成衣着或家饰品等。

英文的钩针编织"Crochet"是由古法语的"Croc"或"Roche"而来，这两个字都有钩子的意思。法国文字曾叫作"hook"，古时候挪威文字的"krokr"都是相同的含义。据美国钩针编织专家和世界旅行家 Annie Potter 考证：当代钩针编织艺术起源于 16 世纪期间，在法国和英国分别被人们称作"Crochet Lace"和"Chain Lace"。并且她还发现，1916 年 Walter Edmund Roth 在拜访了圭亚那印第安人的后裔时首次发现了钩针编织的实物。（图 3-131、图 3-132）

图 3-131

我们通常说的"钩针编织""钩针"或者"钩编"，在法国、意大利、比利时、西班牙等地叫作"Crochet"。在荷兰被叫作"Haken"，在丹麦叫作"Hackling"，在挪威叫"Hekling"，在瑞典叫作"Virkning"。它们均为手工编织制品。我们知道，针织、刺绣品和织造能够通过考古发现、文字记载和各种绘画表现等追溯到它的起源与发展。但是没有人曾经真正确认钩针编织的确切起源。

丹麦的另外一位作家、研究员 Lis Paludan，将她对欧洲钩针编织的起源总结为三点有趣的结论：第一，钩针编织起源于阿拉伯，而后向东传布到中国的西藏，向西流传到了西班牙，并且随同阿拉伯人的贸易路线传播到其他的地中海国家。第二，最早的钩针编织迹象来自于南美洲一个原始的种族，据说它是用于成人仪式的装饰品。第三，在中国，钩针编织最早的应用，是在三维立体的娃娃上。但是，Paludan 说："关于钩针编织的艺术可能有多老，或它究竟来自于哪里，没有真正使人信服的证据。要想在 1800 年之前的欧洲找对于钩针编织的证据是不可能的。钩针编织普及化的时间，可能是 1800 年代左右的欧洲，透过文献的了解，最早的钩针编织可能根本是没有钩针而使用手指的，以至于没有人工工具留下来的痕迹，也无法考据其历史。"某些作家以这些手指编织的图片推测钩针编织的历史必定相当悠久，此论点同样也没有证据支持。其他的作家则认为，编结、编织这些方法，都是非常早期的

图 3-132

编织方法之一，但至今尚未在有发现织品的考古年代中，发现以钩针编织法所织成的织物。关于钩针编织的一个更古老的说法是它出现于 1500 年的意大利，由修女在教堂里制作，并用于做"修女的饰带"。在她的研究调查中，有很多关于钩针编织制作与花边式样的实例，其中很多保存完好。但是所有的证据都无法证明在 16 世纪以前的意大利存在钩针编织产品。

法国在 18 世纪时曾有一种在绷圈上刺绣的手法称为"Tambour"，这种刺绣的工具其实就是最早的钩针，只不过钩出的织品和现今钩针编织不同，因此没人注意到。另外，许多早于 1800 年之前的古老织品，声称是早期的钩针编织，但考据后其实是混合了棒针编织法与钩针编织法的古老织法"Nalebinding"（此字为丹麦语，意为束缚与针）。

对于钩针编织的研究表明，钩针编织可能源自于中国的"针线活儿"，或者是土耳其、印度或波斯和非洲北部很著名的刺绣品。它们在 1700 年左右到达了欧洲，而且被称为"Tambourin"。这个词出自法语"Tambour"。早期的这

图 3-133

图 3-134

种技术操作过程是：首先将一块织物拉紧在一个框架上，在织物的下面拿着线，一只带有钩子的针插入向下一起将织物下面的线拉到织物上面，从而形成一个线环，当线环仍然在钩上时，将钩稍稍挪动位置再次重复前面的插拉操作，使这个线环与第一个线环套在一起，形成一个链形线迹。Tambour 钩针像缝纫针一样细，因此需要使用非常好的线。18 世纪末，Tambour 进一步演变了钩编技法，去掉了织物，直接用线进行编结，这就是当时法国人所称的"空中的钩针编织"。钩针编织在 1800 年早期由 Mlle 在欧洲推广流传。

19 世纪，在英国、美国与法国，钩针编织逐渐普及，多数人们将钩针编织用来补破掉的蕾丝，是一个较省钱的方案。因此以螺纹棉花线织成的蕾丝价格也受到影响而下降，导致后期扁平状以钩针编织法做成的蕾丝，比圆状的更为普及。扁平状的蕾丝也更快、更容易生产。

至于钩针，针头最早是一支弯曲的针，被钉在木制把柄上，可见到早期爱尔兰蕾丝工人多用这种粗制的钩针。最昂贵的钩针，针头可能是由银、黄铜或是象牙、钢、骨头等制，把柄也雕有许多轻细的花纹，多为上流社会的夫人使用，并被视为装饰手部的一部分。19 世纪 40 年代，第一本钩针编织法的书籍由英国出版，作者是 Eleanor Riego de la Branchardiere 与 Frances Lambert。从书上看来，早期的钩针编织花样着重于生动的配色，以及线材与织品的搭配，例如棉花和螺纹亚麻质料的线材，最好拿来做蕾丝。而羊毛毛线，最好拿来做衣物。（图 3-133）

爱尔兰蕾丝钩针的早期发展可说是家庭手工业兴旺时期的重要推手，特别是在爱尔兰与法国北部某些传统农耕或畜牧产业被战争和土地变更影响的地区。另外也跟中产阶级的兴起息息相关，他们是家庭手工钩针编织的大买家之一，加之钩针编织易学易懂，在任何地方只要有针和线就可以工作的特性，也使得它越来越普及。但普及的同时，也逐渐有廉价的隐忧，由于类似的钩针编织产品越来越多，使得它变成了一种便宜的量产品。

幸好在维多利亚女王时期，钩针编织所给人廉价品的印象逐渐薄弱，因为购买爱尔兰生产的钩针编织蕾丝品和自学蕾丝编织逐渐盛行起来，最早的爱尔兰蕾丝编织法传到法国之后，花样就变得更为丰富。1842 年，Riego de la Branchardiere 出版的《蕾丝钩针编织花样》中，就有更多的片盘状蕾丝花样，进而发展到用羊毛毛线来编织衣物的立体构成和花样。早期钩针编织在 19 世纪 40 年代形成了复杂且丰富的特色，不仅线料种类繁复，花样也层出不穷。今日，19 世纪 40 年代的维多利亚蕾丝作品也成为收藏家的喜好之一。（图 3-134）

1890 年之后，钩针编织与时尚流行逐渐融为一体。1910 年到 1920 年间，蕾丝更为复杂，纹理和立体衣着的构成也更为华丽，这一时期被称为新爱德华时期，其特色就是将维多利亚形式的蕾丝颜色变淡，转为白色，将相当多的螺型花纹和维多利亚时的花哨颜色，变成在小钱包、串饰上，或是需要搭配亮彩度丝绸的时候才会出现。第一次世界大战后，钩针编织的出版品还是很少量，多数提供的花样还是早期的简单样式，不过第二次世界大战之后，也就是大约 20 世纪 40 年代末期，钩针编织教学又重新流行起来，变成家庭手工艺热门的主角。特别是许多新的花色、有想象力的构成，将钩针编织与流行式样结合，造成许多钩针编织书籍的出版，教导有兴趣学习的人们如何编织花样多端、五颜六色的小块钩针织品，再组成披肩、长裙、桌布、窗帘等织品。20 世纪 60 年代可说是钩针编织的一个高潮，在 20 世纪 70 年代初期，钩针的花样似乎已经发展到顶端，逐渐稳定成今日固定的编织手法，除了小块拼织外（被戏称为老祖母方块织 Granny Squares），尚有圆形拼织与多色钩针编织等形式。

21 世纪的今天，钩针编织依然具有一定的普及性，虽然时尚产业的针织品绝大多数都已变成机器针织的作品，但一般的手工艺中，钩针编织由于毛线的进化和化学纤维的普及，也算是迈向新科技的一大步。下列是几种常见的钩针编织法。

方网钩针编织（Filet Crochet）

帚形钩蕾丝（Broomstick Lace）

簪形钩蕾丝（Hairpin Lace）

双头钩针编织（Cro-hook）

　　Riego de la Branchardiere 是钩针编织大师，以把梭结花边（Bobbin Lace）花型转变为钩针编织花边而著称，她的这些钩针编织花边可以很容易地被更多的人所复制。她出版了许多钩针花边式样的书，以便数以百万计的女人可以模仿复制她的作品。MlleRiego 也宣称已经发明"像饰带一样的钩针编织花边"，也就是今天我们称作的"爱尔兰钩针编织"。现在，爱尔兰钩针编织法（Irish Crochet）是国际共享的钩针花样图示，虽然各国钩针编织的花样符号略有不同形状和称呼，但基本符号的国际通用性相当高，某些特殊花样的钩针符号的辨认与称呼，则有专书介绍，如专钩立体造型玩偶，或是花样繁杂的衣着等。钩针符号的基础都来自于一个环状的标示，即代表了锁针，如锁链状而得其名。一个锁针上可有多种变化，不断将锁针套锁针会有一条长线，在同一个锁针上打很多个锁针，则出现一个圆形，以此类推，就是钩针编织从一条线变成一片织物的基础。因此，在所有钩针花样图示上，锁针可说是无所不在。（图3-135）

（一）手工钩针编织基本技法

　　钩针的工艺技法为：编结者左手捏线，右手执钩针，通过缠绕和钩拉等拉法，编结成花式，工具简单，编结技法多变，具有镂空立体的艺术效果。

1. 工具准备

　　钩针：钩针是进行钩针编织的重要工具，有很多种尺寸与规格，大至3.5毫米、小至0.75毫米者都有。材质上，铝制与塑胶制是较常见到的，最常用的钩针大小是2.5毫米到19毫米，比较特殊的长钩针被称为突尼斯钩针，织法混合了钩针编织与棒针编织。（图3-136、图3-137）

　　线：比较常见的线都以纯羊毛线为主。由于钩针的自由度很高，所以编织材料的灵活度也相对提高，一些在毛线之外的线材都有可能利用钩针编织。常见的有塑胶绳，不论粗细都可以编织，织物有可能小至桌上盒，大至地毯；亦能将旧衣分为布条，用钩针编为可用的小毯；或是杂货店的塑胶袋分为小条，再编为可一直利用的购物

符号	中文	美制	英制	美缩写	英缩写
∘0	锁针	Chain	Chain	CH	CH
⌣)	略针	Slip Stitch	Slip Stitch	SS, SL, ST	SS, SL, ST
†✕0	短针，平针	Single Crochet	Double Crochet	SC	DB
T8	中长，短长针	Half Double Crochet			
T8	长针	Double Crochet	Treble Crochet	DC	TR
T8	长长针	Treble Crochet			
T8		Double Treble Crochet			

图 3-135

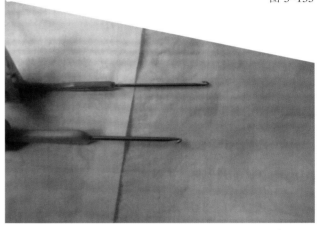

图 3-136

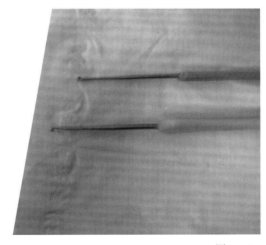

图 3-137

袋等；钩针编织也能编贵重的金属线，如银线编织成的饰品，可穿上珍珠、宝石等。（图3-138）

图3-138

2. 手工钩针编织的基本技法

（1）锁针（辫子针）起法

图3-139 握针与线的姿势；

图3-140 线系活扣，线圈的大小与钩针的大小相配；

图3-141 针穿过线圈；

图3-142 钩针绕一下线；

图3-143 钩针从线圈中拉出；

图3-144 依次重复上述步骤，形成辫子针。

（2）短针针法

图3-145 先钩十个辫子针；

图3-146 再往回一个线圈中套钩；

图3-147 将两针合并；

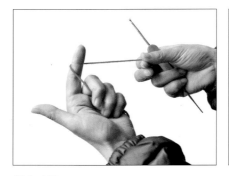

图3-139

图3-140

图3-141

图3-142

图3-143

图3-144

图3-145

图3-146

图3-147

图 3-148 合并后成一针,这就是短针技法。

图 3-149、图 3-150 以此重复图 3-146~图 3-148 的步骤,完成十个辫子针上的十个短针。

图 3-151、图 3-152 即为短针效果。

(3)长针针法

图 3-153 在第一针上加三针辫子针;

图 3-154 再在钩针上绕线一圈;

图 3-155 在下一个孔中进行套钩;

图 3-156 钩针上已有三针;

图 3-148

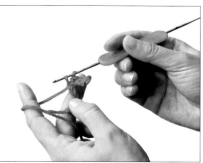

图 3-149

图 3-150

图 3-151

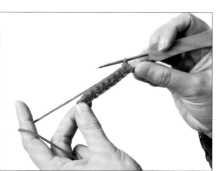

图 3-152

图 3-153

图 3-154

图 3-155

图 3-156

图 3-157 再进行两两相并；

图 3-158 合成一针为止。

图 3-159 为长针效果。

（4）环形起针法

此法适合钩织圆形织物。

图 3-160 先起线圈，线圈不宜过大；

图 3-161 针穿过线圈；

图 3-162 开始套钩；

图 3-163 先把线圈绕在钩针上；

图 3-164 针穿出；

图 3-165 完成第一个锁针；

图 3-166 开始钩第二个锁针；

图 3-167 两针合并成一针；

图 3-168 钩针再次穿过线圈；

图 3-157

图 3-158

图 3-159

图 3-160

图 3-161

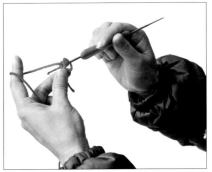

图 3-162

图 3-163

图 3-164

图 3-165

图 3-166

图 3-167

图 3-168

图 3-169 准备钩出新的一个辫子针；

图 3-170 两针并一针；

图 3-171 准备再钩出下一个锁针；

图 3-172 连续钩出七针，套在线圈上；

图 3-173 再收紧起始线圈的另一头线；

图 3-174 首尾相连，收尾两针并一针；

图 3-175 开始钩第二圈，加一个锁针；

图 3-176 在直线上钩出三个辫子针；

图 3-177 在圆圈上进行套钩一个短针；

图 3-178 依次在圆圈上进行套钩短针，完成小花一朵。

图 3-169

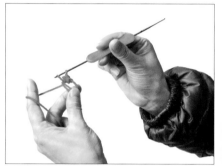

图 3-170

图 3-171

图 3-172

图 3-173

图 3-174

图 3-175

图 3-176

图 3-177

图 3-178

图 3-179、图 3-180 为环行起针法配合长短针的运用,织出的帽子。

图 3-181 为环行起针法配合长短针的运用,织出的包饰。

(5)袜子的钩法(图 3-182~图 3-189)

图 3-179

图 3-180

图 3-181

图 3-182

图 3-183

图 3-184

图 3-185

图 3-186

图 3-187

图 3-188

图 3-189

（6）钩针的创新花式设计（图3-190～图3-194）

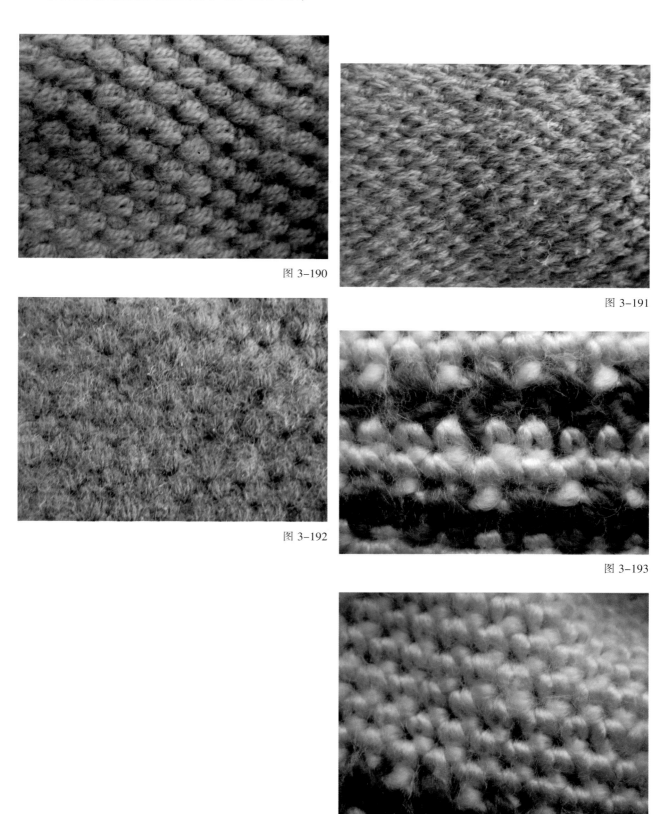

图3-190

图3-191

图3-192

图3-193

图3-194

(二)手工钩针编织的服饰应用设计

目前,随着中国人民生活水平的提高,人们在拥有极高的物质生活基础后,开始逐渐追求精神层次的享受,同时由于人们对个性化的需求越来越强烈,钩编艺术也在逐渐流行。通过对国内几大编织类网站的调查研究发现,中国喜欢钩编的群体大多为女性,约占90%以上,群体分布于全国各地。

钩编产品是一种特殊的绒线组织编织品,它具有"露、弹、密、柔、活"的艺术风格,产品组织结构可塑性强,可以达到无限款式与任意规格,是任何机械产品都取代不了的一种特色艺术性手工制品,为服装设计提供了无限的空间。(图3-195、图3-196)

钩编产品的"露",是指它的组织结构具有镂空的艺术效果,可以更好地与人体服装及装饰对象融合为一体,形成一种相互衬托的特殊神秘效果。可以说任何形式的柔性纤维织品都无与伦比,非常适合女性的穿着。"弹",是指我们可以通过不同的钩编针法,使它形成特别的弹性,这种弹力效果可以更好地展露人体的美,达到穿着舒适的功效。为此,越来越多的针织产品备受男士、小孩、老人的喜爱。"密",是指它的组织致密性,我们可以通过相应的钩编针法,使产品具有致密的风格,在同一产品中形成疏密相间的效果。"柔",是指它的柔性特征,可以说它是柔性纤维材料织品中最具有柔性特征的产品,它与当今时代的快节奏形成一种强烈的反差,使人们能够更好地置身于休闲的环境之中。诸如以纯、真维斯等品牌都以针织产品为主。"活",是指它组织结构的灵活性,一根小小的钩针,通过我们灵巧的手,可以创造出无穷的奥妙,我们可以随心所欲地实现任意的装饰效果。这就是钩编的花型设计。在欧洲的一些国家,有许多针织工作室,每年向全球针织企业出售大量的新钩编花型以满足厂商的设计需求。(图3-197)

综上所述,钩针编织是任何一种当代纺织服装技术都不可取代的产品形式,这也是欧美日等发达国家消费者一直青睐钩针产品的主要原因。近几年来,这种产品的需求有大幅度提高的趋势。但钩针产品由于生产力的局限性,批量生产的难度越来越大,这也为创意设计开辟了新的发展空间。2013年的春夏越来越多的流行女装看到钩针编织的魅力。(图3-198)

图 3-195

图 3-196

图 3-197

图 3-198

思考与练习

1. 名词解释:钩针、棒针。
2. 思考后现代的手工织造的创新构成方式。
3. 钩针编织五种不同造型的小花。

　　要求:准备好钩针、毛线、剪刀等工具。

　　(1)面料最好采用纯毛线。

　　(2)做工精致、色彩搭配协调。

　　(3)技法、形式不限。

　　(4)每个作品尺寸不小于 12 厘米。

4. 棒针编织一款围巾或手套。

　　要求:准备好棒针、毛线、剪刀等工具。

　　(1)面料最好采用纯毛线。

　　(2)做工精致、色彩搭配协调。

　　(3)技法、形式不限。

　　(4)作品尺寸长度不小于 1 米、宽度不小于 30 厘米。

第四章 布艺褶饰

导读

在漫长复杂的人类社会进程中,历史的变迁所展示的时代风采,总是令人类产生新奇的诱惑和憧憬。在上苍赋予的一片生机盎然的自然怀抱中,充足的阳光、空气和水分,肥沃的土壤,多样的动植物,给人类生命以鲜活的滋润,更赋予人类创造文化艺术的无穷想象力。大自然中的鬼斧神工往往激发人创造的灵感,将这种情感移至艺术的创作领域,可借助不同手工造型创造出逼真的花卉植物。发挥运用在服装的表现上,尤其是在民族衣着服饰的形式表现中,使人明显感受到某种深邃的文化传达和艺术特性,从而为现代服装的设计提供了大量可以引据的素材和主题。东西方民族长期以来形成的不同着装形式,确实给人类的衣着积蓄了极为丰富宝贵的财富。在千姿百态的民族文化艺术中,有关服装饰物、图案、花色的独特穿着形式及建筑、用具等古老的造物形态,对现代生活方式中所充斥的奢华状况,无疑是一种新的刺激和补充。

一　布艺褶饰的概述

抽褶是我们服装设计元素中常用的一种手法，是我们在进行面料二度改造中惯用的一种手段,褶纹的出现,让大量服装出现立体式的效果,并浮出一定规则性及非规则性的、生动活泼的极具情趣和变化的造型。(图4-1)

(一)褶的概念

衣褶的处理、变化是服装设计中常用的设计手法。褶饰法的操作技巧在女装中是应用最为广泛的,尤其是礼服的设计。为了让服装变得更具有立体的浮雕效果,往往会运用各种褶饰。它的操作方法分为规则性褶饰和非规则性褶饰两种:非规则性褶饰是将面料反复非规则性地进行固定;而规则性褶饰则反之,按照一定的针法有序地进行抽褶。

衣褶包括省和裥两种形式,省是缝合固定的,裥在静态时收拢,人体运动时张开。省和裥是衣褶的组成部分,属于装饰缝的范畴。将平面的衣服穿在人体上,前后左右不同位置有不同程度的空隙,要设法去除这些空隙,则需要使用打褶的技法,通过领褶、肩褶、袖孔褶、肋褶、腰褶等的变化设计,才能使平面的衣服变为符合人体体形的立体造型。省和分割都具有两重性:一是合身性,二是造型性。从结构形式看,打褶也具有这种两重性。首先,褶具有多层次、三维空间的立体效果。其次,褶具有运动感。在打褶方式上,都遵循着一个基本构成形式,通过特定方向牵制了人体的运动, 富有秩序的不断变换,给人以飘逸之感。另外,褶具有装饰性。褶的造型会产生立体、肌理和动感, 容易改变人体本身的形态特征,而以新的面貌出现,这是褶具有装饰性的根源。

(二)褶的特点

褶的种类、形态很多,主要有机缝抽褶、捏缝抽褶与夹线抽褶。所谓褶的构成,是指在服装款式设计中,通过重叠、排列、组合等技巧处理褶的平面与立体的形态,以及疏密、凹凸、起伏等多种运动性的变化。

褶纹以直、曲线的变化聚集和组合排列成一个区域,形成一种完整的、有秩序的、有规律装饰的形式。此种方法,在传统与现代服饰中都被广泛运用。例如,古希腊的服装, 由一块四方形的布从身体的左侧裹向前后,双肩的上部用装饰别针固定,使全身形成一系列自

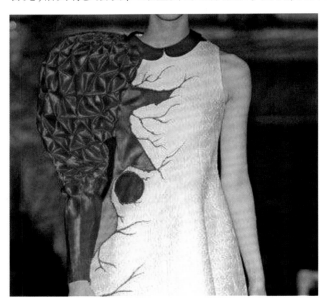

图4-1

然舒展的褶纹造型。此时，褶纹主要以直、曲线的变化聚集和组合排列成一个一个的广面，形成一种完整的、有秩序的、有规律的装饰形式。现代机器化的服装生产，把时装上的褶纹排列得更加富有装饰性，更能表现出疏密起伏和变化多端的服饰美感。

在敦煌壁画里的飞天、仕女、菩萨的衣饰中，妇女衣饰的处理就很独特，既整齐有序，又波折起伏。而在现代服装设计中，运用变异与打散构成的褶纹，可以改变服装款式中均匀、对称的单调布局，打破常规，从而形成一种独特的、新颖的服装款式。

服装款式千变万化，但其造型总离不开人体这一基本结构。为了保证服装合体、新颖别致，设计者总要把人体结构运动与服装造型有机地结合起来，力图使人体的体形特征通过服装造型体现其外在美的理想效果。

二　手工布面抽褶的基本技法及服饰应用设计

褶饰就是将布抽出褶缩缝，用刺绣线把褶按各种设计锁成各式花样，做出装饰性褶，也就是我们将布料反复规则和非规则地折叠固定，或用一定的缝纫线进行抽紧固定，使面料出现抽褶效果的褶纹。因此，抽褶也称为缩褶，它赋予服装丰富的造型变化。（图4-2）

（一）抽褶的概念及特点

抽褶是将薄而柔软的面料按一定的间隔，在面料的正面或反面用手捏住缝纫，使面料的花纹表现为类似浮雕的技法。这种技法产生于15世纪的法国，16世纪的大灯笼的女装袖子就是采用的这种再造方式。19世纪以后，随着缝纫机的发展，流行起机缝的螺纹褶，并作为时装的技法发展下去。在捏褶的技法中，又分为布的表面捏缝和反面捏缝两种方法。经常用于罩衫、连衣裙、礼服、手提袋等服饰中或铺垫等的室内装饰中。（图4-3、图4-4）

（二）抽褶的基本技法

1. 抽褶的材料与用具

（1）布

基本褶饰是绣缝褶山的技法，如果是易抽出褶且平纹织的布，什么样的素材布都能做出褶饰。除单色布以外，还可以使用格、条、圆点等间隔图案的布料或编织布等。格子褶饰要最好选择不易起皱的面料为宜。柔软的布比较适合，如丝绸（乔其绉、双绉、塔夫绸、缎子等）、交织物等。

图4-2　　　　　　　　　　　图4-3　　　　　　　图4-4

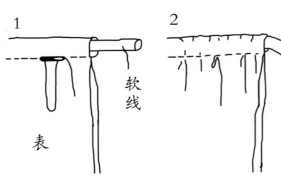

图 4-5

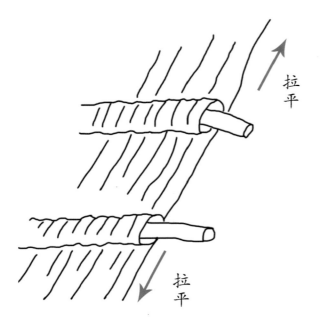

图 4-6

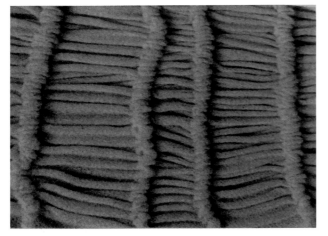

图 4-7

基本褶饰布的使用量,是根据布的厚度、褶的深度而不同,而且面料的长度不论厚薄或会缩水的面料均为成品长的 1.2 倍左右,缝头量最好比估算的多留出一些。

(2)线

机缝丝线、手缝线,如是基本褶饰,可选用 25号、5 号刺绣线、极细的毛线等。刺绣的时候,选择稍微粗些的线锁绣的褶更美观。而格子状的褶饰,因从反面锁绣,使用 30~60 号棉线。

(3)针

基本褶饰使用刺绣针、毛线针;格子状的褶饰则选用 7~8 号手缝针。

2. 抽褶的基本技法

(1)夹线抽褶(图 4-5)

把软线夹入双折线,然后拱针。(图 4-6、图 4-7)

抽线并平均抽褶;把布的上下拉平后,放在蒸汽熨斗上,稳定所抽的褶,最后拔出软线。

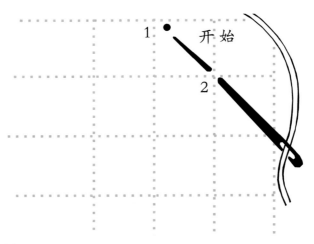

图 4-8

（2）直线抽褶

在布的反面做好竖、横线印，按图的顺序锁缝，从1到4后锁缝拉紧，4、5之间的线不松不紧，然后缝5至8，再拉紧线，以此类推。（图4-8~图4-11）

（3）变化直线抽褶1

在布的反面画上格子，线以斜线为主，并使格子成为倾斜状态，然后像直线抽褶一样，一行一行地进行锁缝。（图4-12、图4-13）

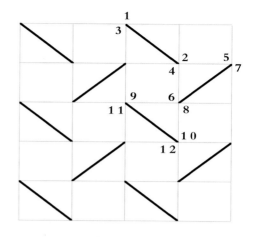

图 4-9

图 4-10

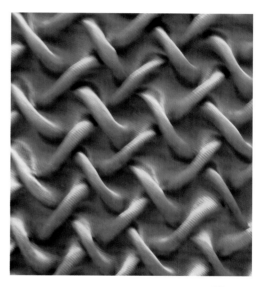

图 4-11

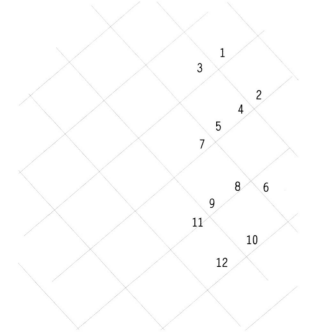

图 4-12

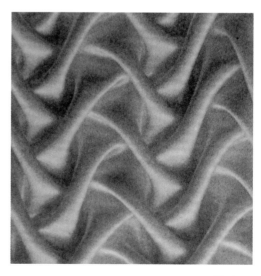

图 4-13

（4）变化直线抽褶 2

在布的反面画好相应的格子，然后根据斜线锁缝抽紧。（图 4–14、图 4–15）

（5）等距离直线抽褶 1

选用亚光略厚的面料，采用多针相连的针法，即在面料的上方选择等距离的下针点，用直线垂直向下进行缝纫，针距可以大一点，然后抽褶，用手整理到理想的状态，便可完成。面料的正背面都可以制作。（图 4–16、图 4–17）

（6）等距离直线抽褶 2

选用有光泽的透明薄纱，采用两点相连的针法，即将图中短竖线的两端用针挑起，直接将两点抽成一点，抽紧后打结，褶皱距离相等。下一行则在上一行的中间进行抽褶，形成水波涟漪的效果。连接点设计面料的背面，正面连线点的位置上用金线缝几针作装饰。（图 4–18、图 4–19）

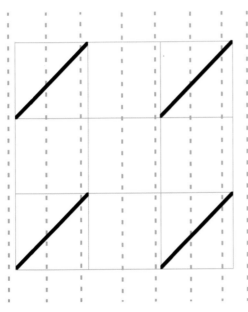

图 4–14

图 4–15

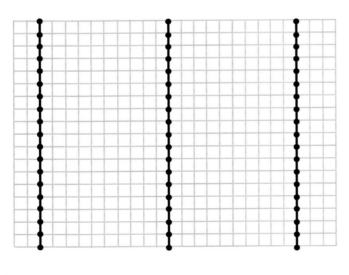

图 4–16

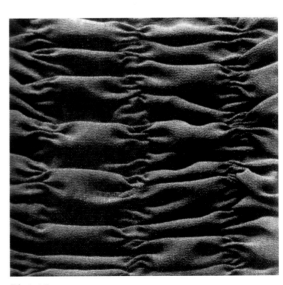

图 4–17

（7）等距离直线抽褶 3

选用透明的薄纱面料，采用两点相连的针法。即在面料的反面将图中的两点（用横线相连）抽成一点，然后在面料的正面将褶子先顺着一个方向钉好，隔一段距离再反方向钉好。如此反复，面料就会形成水波流动的效果。（图 4-20、图 4-21）

（8）等距离直线抽褶 4

选用有格纹的薄面料，采用两点相连的针法。如图所示，将短线的两端用针挑起，用线将两点连成一点，抽紧后打结完成，注意短线横竖排列的规律。连线点设在面料的背面。（图 4-22、图 4-23）

图 4-19

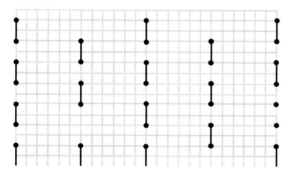

图 4-18

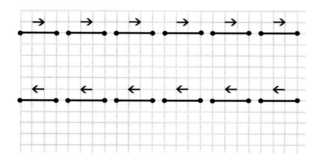

图 4-20

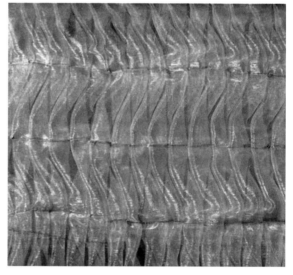

图 4-21

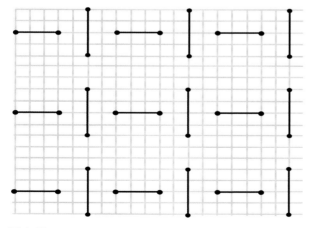

图 4-22

图 4-23

（9）流水纹抽褶

选用闪光的丝绸面料，采用斜线式的两点相连的针法，即将图中的两点（用斜线相连）用针线抽成一点，抽紧后打结完成。按图中的连线方式作规律性连接，面料会形成水波流动的效果。连线点设在面料的背面。（图4-24、图4-25）

（10）银锭纹抽褶

可选用素色面料，在面料的正面设为连线点。将三点连接起来后，再回到我们画好的始点。（图4-26、图4-27）

（11）变化银锭纹抽褶

采用透明的轻薄面料，用折线式的三点相连的针法。即用针线将图中折线的三个点抽成一点，抽紧后打结，折线的位置在面料上要作等距离的排列，如图所示，抽褶后面料的形态犹如激起的浪涛。连线点设在面料的背面。（图4-28、图4-29）

（12）葵花形抽褶

选择有光泽的绸缎面料，采用碎针相连的针法，即沿着图中的圆形边缘线进行缝接，然后抽紧。抽紧前，先将一粒扣子放在圆的中间，选择的扣子必须比圆形小一些，这样抽紧的时候可以把扣子包在面料的里面。连线点设在面料的背面。（图4-30、图4-31）

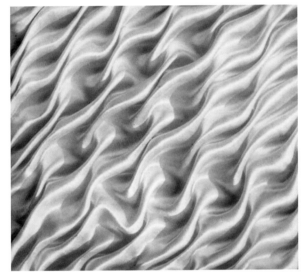

图4-25

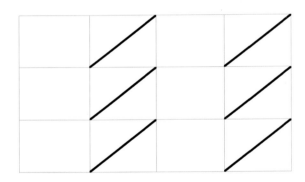

图4-24

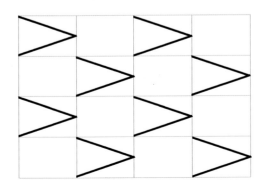

图4-26

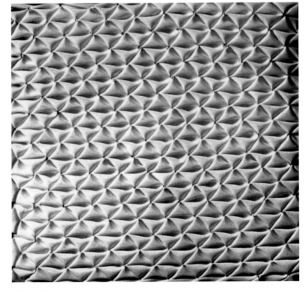

图4-27

（13）个字形抽褶

选择有闪光的绸缎面料，采用"个"字形的两点与三点相连的针法，即将"个"字形的上盖三点和竖线两点分别用针线抽成一点，抽紧后打结完成。跳开一格，再重复完成。按图中的连线方式，可以形成互相咬合的元宝纹样。连线点设在面料的背面。（图4-32、图4-33）

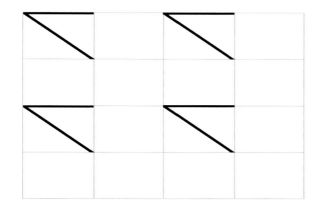

图 4-28

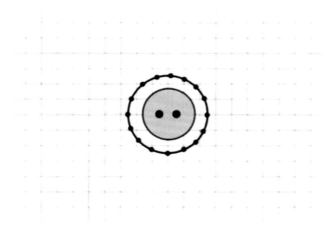

图 4-30

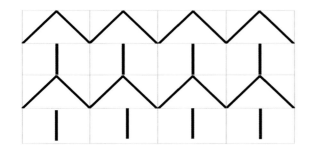

图 4-32

图 4-29

图 4-31

图 4-33

（14）三角与直线并合式抽褶

选用有细褶纹的面料，采用三点与两点组合式的针法，即将图中的三角形的三点用针挑起，并将三点抽成一点，抽紧后打结，再将竖线的两端用针挑起后用线将两点抽成一点，抽紧后打结，如此反复。连线点设在面料的背面。（图4-34、图4-35）

（15）槐花纹抽褶

选用素色的半透明面料，采用对角交叉相连的两点连接法，即将图中短线的两端用针线抽成一点，作交叉状连接，如图所示，等距离地按规律连接，面料所形成的状态犹如一串串槐花，连线点设在面料的背面。（图4-36、图4-37）

（16）砖纹抽褶

选择略挺括的纯棉面料，即将图中的三点连接成一点，抽紧后打结，但其折线的排列是纵向的，连线点设在面料的背面，完成后稍微在面料的正面熨烫一下。（图4-38、图4-39）

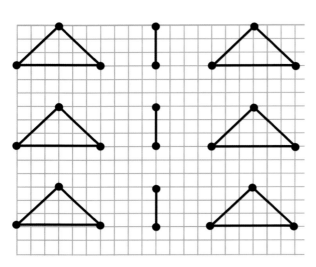

图4-34

图4-35

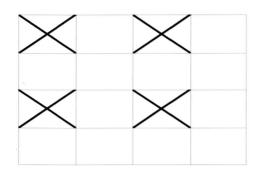

图4-36

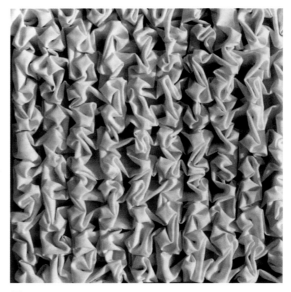

图4-37

（17）蛟龙纹抽褶

选择华丽的绸缎面料,采用折线式的四点相连的针法。即用针线沿折线的起点、折点、终点四点抽成一点,抽紧后打结完成,如图所示,作规律性连接,下一行与上一行进行规律性错位,最后在面料的起伏处钉上金珠,面料形成的状态犹如蛟龙戏水。连线点设在面料的背面。(图4-40、图4-41)

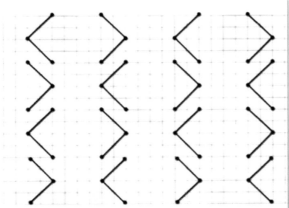

图4-38

图4-39

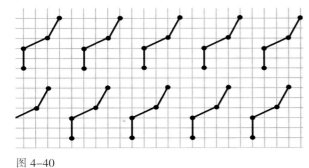

图4-40

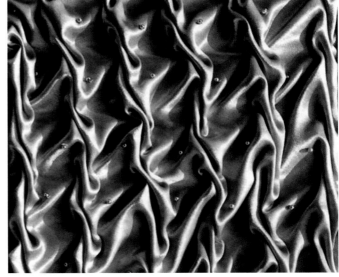

图4-41

101

（18）浪涛纹抽褶

选用透明的轻薄面料，采用斜长格式的四点相连的针法。即用针线将斜长格的四个角用针挑起，以能挑起面料的纱线为宜，然后将面料的四个点抽成一个点，抽紧后打结完成，斜长格在面料上作规律性排列，如图所示，抽褶后的状态犹如浪涛相连，连线点设在面料的背面。（图 4-42、图 4-43）

（19）不规则抽褶

选择有光泽的薄面料，采用斗形的四点相连的针法。即将图中斗形的四点由左上起点至右上终点用针线挑起，以能挑起面料的纱线为宜，然后将面料的四个点抽成一个点，抽紧后打结完成，斗形在面料上作规律性排列，如图所示，连线点设在面料的背面。（图 4-44、图 4-45）

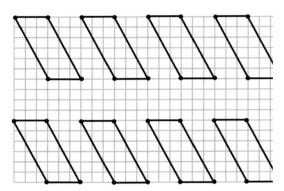

图 4-42

图 4-43

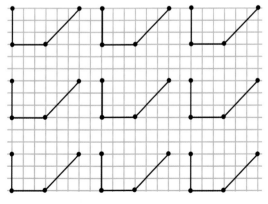

图 4-44

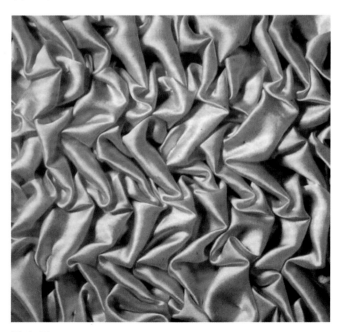

图 4-45

（20）桂花纹抽褶

选择有光泽的绸缎面料，采用折线式的两点相连的针法。即将图中所示的线条两端用针线连接，将两个点抽成一个点，横向连接一次，竖向连接一次，每次连接中间都留点空位，等距离跳开一段再继续连接，第二行与第一行留一段空位作相同连接，连线点设在面料的背面。（图4-46、图4-47）

（21）勺形抽褶

选用不透明的轻薄面料，采用长柄勺形的四点相连的针法。即将图中勺形的四点由起点至终点用针线挑起连接，将四个点抽成一个点，抽紧后打结完成，勺形在面料上作规律性排列，如图所示，连线点设在面料的背面。（图4-48、图4-49）

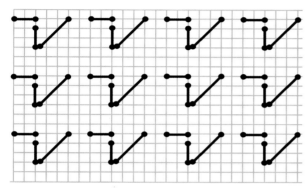

图4-46

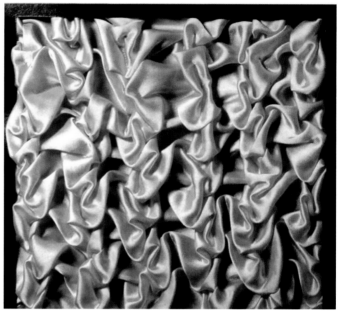

图4-47

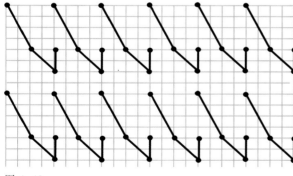

图4-48

图4-49

（22）梯字形抽褶

选择略有光泽的薄面料，采用折线式的三点相连的针法。即将图中所示的折线两端及折点按顺序用针线挑起连接，用线将三个点抽成一个点，抽紧后打结完成，连线点设在面料的背面。（图4-50、图4-51）

（23）规则性捏褶

在布的表面画上图案，以图案线为折线浅浅捏住0.2厘米拱形，拉线时注意不要拉伸或缩小面料，在反面处理线的始末。（图4-52~图4-54）

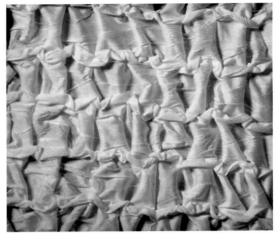

图 4-51

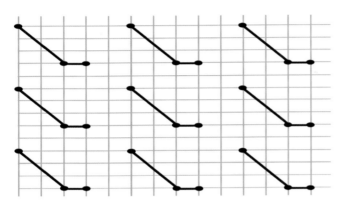

图 4-50

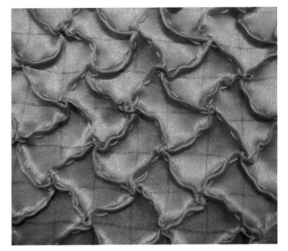

图 4-53

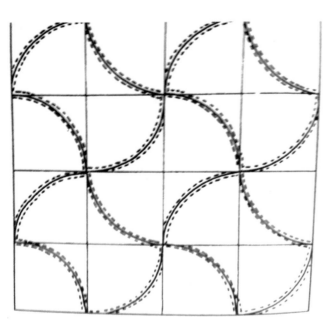

图 4-52

图 4-54

(三)抽褶在服装中的运用设计

  服装中褶的分类大体上有两种:一是自然褶,二是规律褶。很显然,自然褶具有随意性、多变性、丰富性和活泼性的特点;规律褶则表现出有秩序的动感特征。前者是外向性而华丽的,后者是内向性而庄重的。由此可见,设计者对褶的使用应有所选择。从褶的工艺要求来看,无论是自然褶还是规律褶,一般都与分割线结合设计,这是因为褶的形态必须有固定它的构造,才能保持住,分割便具有这种功能。

  服装抽褶具有功能性和装饰性的效果,广泛运用于上衣、裙子、袖子等的服装部件的设计中。通过抽褶能把服装面料较长较宽的部分缩短或减小,使服装更加舒适美观,同时还能发挥面料悬垂性、有程序性的飘逸特点,既使服装舒适合体,又能增加装饰效果,因而被大量用于半宽松和宽松的女式服装中。

  抽褶分量一般是通过省转移变化获得,任何省都可以做成抽褶,但不是所有抽褶都由省转化而来。由于抽褶具有强调和装饰的作用,在结构处理上,有时仅用现有基本省转移成褶量是不够的,一般要通过增加褶量加以补充。服装抽褶表现形式很多,如可以在指定的部位以水平或垂直的形式出现,也可以上下两端或曲线抽褶控制某部位的造型出现。抽褶的制作方法通常有移褶法和加褶法两种。(图4-55~图4-60)

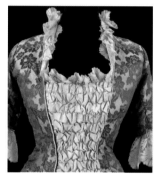 

图 4-55   图 4-56

图 4-57

图 4-58

图 4-59   图 4-60

三　立体手工花的基本技法及服饰应用设计

　　在中国古代用各种颜色的丝织品仿制的绢花、绒花通称假花,又称花卉,也叫"京花"。绒花常以丝、麻纤维为原料,绢花常以绢、绫、绸、纱为原料,是我国具有悠久历史和浓厚装饰色彩的手工艺品。我国1700多年前就有用丝织物制花的技艺。(图4-61)

(一)手工花的概念及特点

　　1700多年前的晋代以及明末清初是假花业的黄金时代,戴花已从宫中传向民间。不论大家闺秀、小家碧玉,还是老妪幼女皆离不开花。清代戴花更为鼎盛,旗装妇女多喜梳"二把头",珠翠琳琅的"扁方"上总少不了色泽艳丽、花样奇巧的人造花。《都门杂咏》有诗曰:"梅白桃红借草濡,四时插鬓艳堪娱。人工只欠回香手,除却京师到处无。"此时的人造花,在品种上已由单一的头饰花发展成为枝花、盆花和灵花。在制作工艺上也由"用乌金纸剪成飞蛾,以猪鬃尖分披片纸贴之,或五或七,下缚一处,以针作柄"的简单制法发展到追真仿鲜、信手折枝仿造,因此制出的花颇能乱真。到了唐代,绢花更是妇女的主要装饰品,唐代画家周昉的《簪花仕女图》,就形象地再现了宫中妇女簪花戴彩的情景。1972年在新疆吐鲁番阿斯塔那唐墓中出土的文物中,也有一束完好的绢花,色彩鲜艳,姿态盎然,足见当时制作绢花的技艺已是相当成熟了。绢花在我国宫廷和民间婚、丧、嫁娶、寿诞、节日等风俗活动中,有着广泛的用途。元明清以来,北京是全国制作绢花的中心。制作绢花的主要原料是真丝织物,也有少量的棉织品,还有染料、铁丝、淀粉等。绢花的制作有选料、上浆、染色、窝瓣、烘干、定型、粘花、组枝等工序。有什么样的鲜花,就有什么样的"京花儿",艺人们做出的朵朵绢花,姹紫嫣红,千姿百态,仿佛能使人嗅到阵阵花香。清时崇文门以东,这些地方凡住户多以造花为业,形成了以一家一户为生产单位的、自产自销的小作坊。据《北平工商概况》记载,各街市花庄及住家营花者约在1000家以上。花市之所以形成,一是由于社会的需求,为假花的制售提供了广阔市场;二是假花本钱小,见效快,只用一二元本钱买些布料,向亲戚或熟人借用工具便可做花,做好后拿到市场上卖掉,赚的钱又可做花。比起特艺行业的玉器、料器、牙雕、镶嵌来得容易,不需复杂的工具和昂贵的原料。三是工艺简单,不需繁重的体力与精湛的技艺,全家老幼都可参与制作。他们潜心钻研制造工艺与品种,注重信誉,注意市场变化,按时节变化制作适宜的假花。古时男人把花插在帽檐、帽缝间,女人则别在胸前或插在头上,以示带福还家。

　　当时手工花不仅饮誉全国,而且名扬海外,外国人倾慕中国艳丽的手工花,特别是少女少妇,多以这种精妙的工艺品做成帽饰。她们一般不亲临闹市,而是请雇员、人力包车车夫等订购或代购,甚至有的回国后仍托人在花市定制。

　　在国外,创建于1880年的Maison Legeron就是手工制花的佼佼者。它是巴黎唯一仍坚持以纯手工打造丝质花卉的专业品牌。如今,这个品牌由创始人的曾孙亲自掌管,承袭了奢华定制传统,一如既往地传续至今的精湛工艺,近乎绝无仅有。

　　丝质花卉的制作过程,和中国传统的手工花制作方式大体相似。首先是将面料钉在木框上浸入胶水溶剂中进行处理。随后逐层粘合,一同放置于切割模具下进行压印。带有多排凹孔的切割器能同时压印出各异形状。当花瓣切割成型之后,它们将被浸于由11种苯胺染料加90%异丙醇组成的溶剂之中进行手工着色。初次的上色过程即定下了花瓣的基础色,紧接着的第二次上色,则在花瓣的底部与边缘加入了深浅不一的颜色。上色之后,片状的面料将由工匠们捏制成花卉的形状。他们用传统的工具进行轧花,将花瓣折叠、卷曲并加上褶皱。与铜制花茎粘连后,花瓣被逐一排列于花卉中心的雌蕊周围。经由上述精细而费时的步骤,最终才可打造出Dior高级时装中不可或

图4-61

缺的点睛细节——丝质花卉。

　　Legeron 工作坊中，所有工匠们都全神贯注于每一制作步骤，从不计较时间与精力的付出，工匠们细致甄别每种花卉，甚至是不同部位之间的色彩差异。他们从自然中所得的宝贵经验，力求尽善尽美，用面料缔造出人意料的作品。（图 4-62、图 4-63）

（二）立体手工花的基本技法

　　1. 工具的准备

　　（1）布料：最好是丝绢类印花的面料或宽形的丝缎。（图 4-64）

图 4-62

　　（2）剪刀：一般的手工剪刀即可。

　　（3）缝纫线：普通的缝纫线。

　　（4）针：普通的缝衣针。

　　2. 基本技法

　　（1）蝴蝶结

　　如图 4-65、图 4-66，二者相互交叉打结即可。（图 4-65~图 4-68）

图 4-63

图 4-64

图 4-65

图 4-66

图 4-67

图 4-68

图 4-69

图 4-70

（2）花叶做法（图 4-69~图 4-73）

（3）连缀抽线法：小红花的制作。

（图 4-74~图 4-76）

（4）五瓣花（图 4-77~图 4-80）

（5）折叠花（图 4-81~图 4-89）

（6）拼接法（图 4-90~图 4-93）

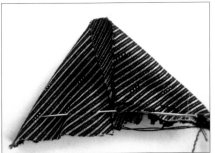

图 4-71

图 4-72

图 4-73

图 4-74

图 4-75

图 4-76

图 4-77

图 4-78

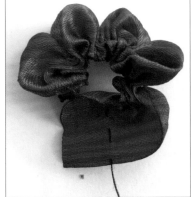

图 4-79

图 4-80

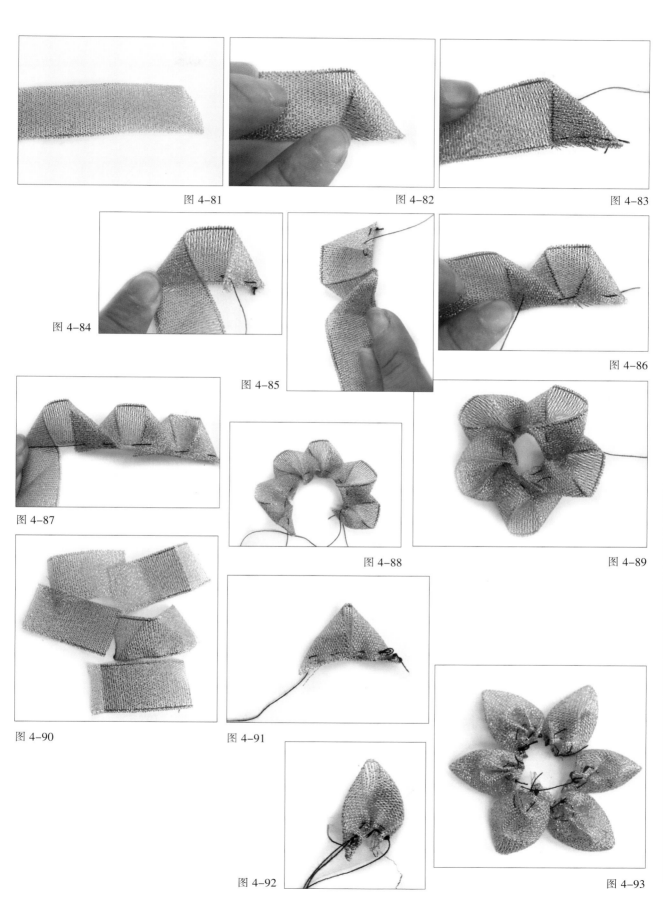

图 4-81

图 4-82

图 4-83

图 4-84

图 4-85

图 4-86

图 4-87

图 4-88

图 4-89

图 4-90

图 4-91

图 4-92

图 4-93

(7)六瓣花(图 4-94~图 4-102)

(8)浪漫的马蹄莲花(图 4-103、图 4-104)

图 4-94

图 4-95

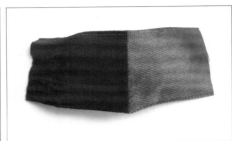
图 4-96

图 4-97

图 4-98

图 4-99

图 4-100

图 4-101

图 4-102

图 4-103

图 4-104

（9）双层团花（图 4-105~图 4-112）

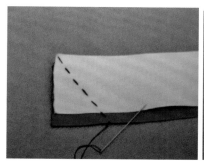
图 4-105

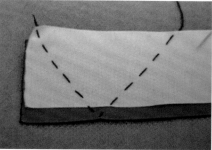
图 4-106

图 4-107

图 4-108

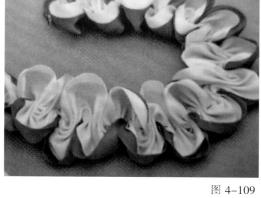
图 4-109

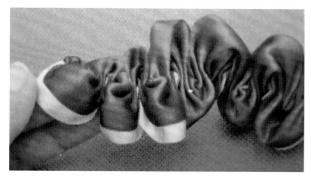
图 4-110

图 4-111

图 4-112

（10）玫瑰花（图 4-113~图 4-123）

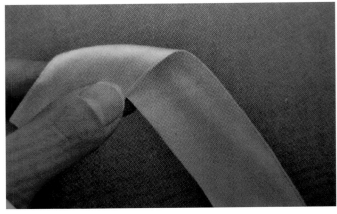

图 4-113

图 4-114

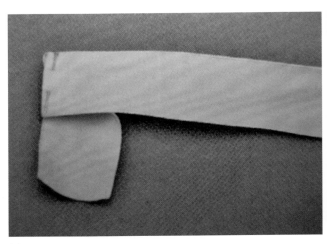

图 4-115

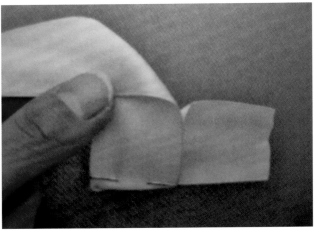

图 4-116

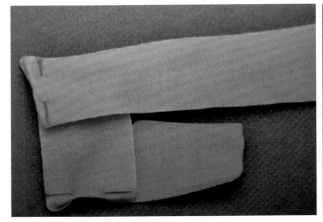

图 4-117

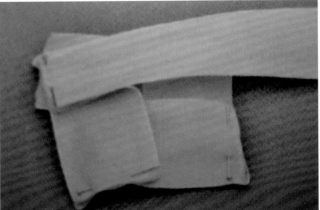

图 4-118

图 4-119　　　　　　　　　　　　　　　图 4-120

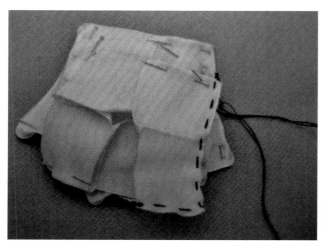
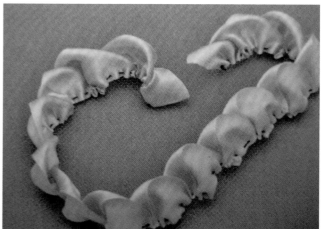

图 4-121　　　　　　　　　　　　　　　图 4-122

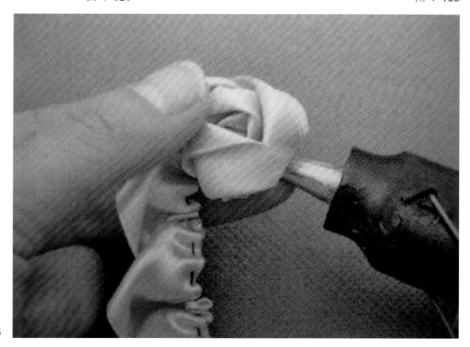

图 4-123

(三)立体手工花的服饰应用设计(图 4-124~图 4-132)

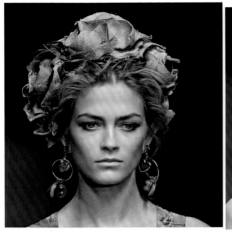

图 4-124

图 4-125

图 4-126

图 4-127

图 4-128

图 4-129

图 4-130

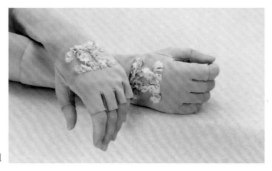

图 4-131

图 4-132

四　手工布艺的基本技法及服饰应用设计

我国传统里，一般将拼布称为"百衲"，"衲"，有用密针缝缀的意思，也作"百纳"。（图4-133）

图4-133

（一）拼布概述

拼布（Patchwork）又称 Piecine、Quilting，是将一定形状的小片织物拼缝在一起的工艺。

起初的拼布，只是寻常百姓从节约的角度出发，把零碎的废旧布料拼接、缝缀起来，做成衣服或被褥等生活用品。古代将百衲衣（水田衣）给小孩穿或者用于儿童的饰品，认为五色多彩和百衲的形式能为儿童驱灾祈福，使得孩子茁壮成长。基于这样的信仰，我们在孩子们的身上，能更多地看到百衲的使用。因此，起初的拼布往往带有比较明显的实用性。但是从零碎的布头，到布头上加以刺绣，再到以织锦或者缂丝这样高级的方式呈现出百衲的效果，从中我们不难窥见古人对于百衲的喜爱。

"衲"同时也指僧人的衣服，所以也用来代指僧人。最初，佛陀规定弟子的衣服要用从民间化来的无用布片拼缝起来，然后进行染色，梵语音译称为"袈裟"，意为"不正、坏、浊、染、杂"等。而袈裟不止用来形容僧衣，也处处体现在佛

图4-134　彩缎菱格百家衣 19世纪末20世纪初

教的其他用品上，因此，"百衲"便和佛教有了不可分解的渊源。但是随着佛教文化与中原文化的逐渐融合，人们不仅对袈裟习以为常，还模仿此种拼布的方式给自己做衣服。清代翟灏著《通俗编·服饰》中写道："王维诗：'乞饭从香积，裁衣学水田。'按时俗妇女以各色帛寸蕑间杂，紩以为衣，亦谓之水田衣。"《红楼梦》第三十六回中记叙到："……芳官满口嚷热，只穿着一件玉色红青酡绒三色缎子斗的水田小夹袄……"这里的"水田小夹袄"就是使用玉色（浅绿）、红青（深青泛红的颜色）和酡绒（深橙红色）三种颜色的缎料拼接而成的。

更有李渔《闲情偶记·治服篇》详细地记载道："……则零拼碎补之服，俗名呼为'水田衣'者是已……毁成片者为零星小块，全帛何罪，使受寸磔之刑？缝碎裂者为百衲僧衣，女子何辜，忽现出家之相？"说明在明末清初流行的女子水田衣就是模仿僧人的百衲衣而来。从这段记载中我们还可以了解到，当时的妇人为了制作这么一件水田衣，不惜将完整的布料剪得零碎，这种反节省而变奢靡的制作方式，受到了李渔的强烈反对。（图4-134）

现代拼布已经成为一门独立的手工艺术，用料方面，也多将崭新的整幅布料剪裁成碎片，制作成有实用性的成品，如手提包、被子、各种垫子等。在制作拼布过程中，拼布者展开无尽的想象力，发挥创意，运用娴熟的手工技巧，把不同材质的布料紧密结合，颜色搭配协调，制作出浑然天成的拼布作品，这已经超出了实用的日常生活用品的内涵，使其成为了一件极具观赏和审美价值的"生活艺术品"。此外，还有专门的艺术拼布，作品不用过多考虑实用性，但对制作者来说，需要具有比较专业的艺术涵养和设计能力，能结合其他工艺创作出不同于一般的拼布作品，拥有自己的独特风格。现代拼布不仅展现了制作者对艺术、审美的追求，也展现了其对美好生活的向往。在现代拼布艺术中，除了使用拼缝、贴绣等工艺外，也使用折叠、编织等方法来制作拼布。同样，古人也有这样的作品，让我们来一睹其风采。

下面这片百衲绸片，在黄色的丝绸底料上，不知制作者是否出于有心，用了整整一百片各色的丝绸方形布片，恰巧印证了"百"这个数字。其实百衲并非一定要用一百片布片缝缀起来，只是说明布片之多，不止一片而已，亦或者说针线细密，缝得精致。（图4-135）

以黄色和绿色的绢，裁剪制作成一条条长绦，然后再进行编织，上面加上印金的花纹，制作成一个荷包。东西虽小，但是制作费心，装饰也华丽，可见不是谁都能用，比之现在的拼布编条挎包，是有过之而无不及。（图4-136）

这是一件针衣，把针别在上面，到用的时候再把针取下来，可谓小巧方便。这针衣做得颇费心思，用酱红色和灰色的布料裁剪制作成窄条，进行编织，然后缝缀而成。物件虽小，但却是女子每日随身用到的物件，可见主人对它的珍爱之情了。（图4-137）

这件百衲丝织物，尺寸90厘米×46厘米，可谓不小，但是造型新奇，不知何用。由多块形状各异、大小不同的织物拼接缝制而成，共三层，中空如袋，还别出心裁地在每片织物的接缝处以丝带花结装饰。正中的方形织物是织锦，整件百衲织物形状奇特，做工考究。（图4-138）

此种球路纹折叠的拼布在现代拼布中称为"教堂之窗"，因其形状类似教堂的玻璃窗而得名，归属折纸拼布一类。我国是多民族国家，各个民族都保留了不少各自的拼布手工技艺。这些工艺用品或类似，或风格迥异，都值得我们关注。（图4-139）

从以上几幅图片可以看出古人的拼布技巧、颜色搭配，一点不逊色于当代的众多出色的拼布作品，足见古人的心灵手巧和艺术修养。

大约自19世纪60年代开始，美国的艺术界已渐将美国传统的拼布创作视为视觉艺术，在1971年时，具有指标性的现代艺术重镇——纽约的惠特尼美国美术馆开始了拼布艺术展。该次艺术展是第一个将世界各地50余位拼布艺术家作品集结在一起的展览，不论在主题、使用的技法、创作者的文化背景及传统上，都有其独特性，脱离了传统的束缚，将拼布工艺转化为一种全新的艺术形式。其中，许多拼布艺术家原本并非从事传统拼布艺术，而是来自于如镶嵌玻璃、平面设计、法律或航天工程等不同的领域。因此，在表现手法上，除了加入自己的想象力与故事性，更应用其所擅长的新技巧（如照片转印、油画等）与计算机芯片、塑料等多种素材，将拼布以现代艺术的形式呈现。在作品中我们也可以看到，这些拼布艺术家已经超越了一般对于技巧和材质先入为主之见，纯粹执著于理念之表达，展现出拼布艺术完全不同的风貌。（图4-140）

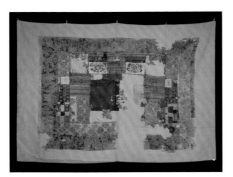

图4-135　唐代百衲　大英博物馆

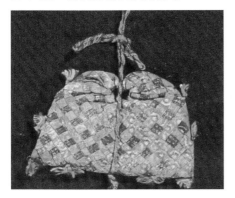

图4-136　黄绿绢编绦印金花旎袋　金代齐国王墓出土服饰研究

图4-137　元代百衲绸片　西藏　万玉堂

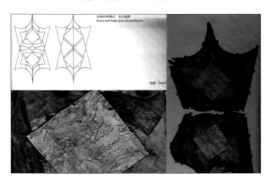

图4-138　黄褐色百衲丝织物　辽代

图4-139　球路纹丝绸饰片　河北隆化鸽子洞元代窖藏

图4-140

(二)手工拼布的基本技法

绗缝为服装制作加工的基础技法,绗缝一般就是用小针距的平针来缝,所以手工绗缝的基础就是平针,一般有些人也把小针距的平针也叫作绗针。

绗缝(Quilting)是指在三层织物(面料、垫料、衬料)上缝制的装饰性缉线。通常在织物之间装棉花、海绵等作为填料,手工和机器绗缝都能在面料上浮现出凹凸不平的立体图案。绗缝工艺手法极为复杂细致,体现出使用者优雅的生活品位,因此,被很多世界顶级品牌用来制作床品、服饰、配件等,在世界范围内广为流行。

绗缝工艺是乡村风格布艺广为采用的工艺,并已经发展成为乡村布艺的标志。绗缝制品主要以全棉布料为原料,采用机拼、手缝、机贴、手贴和绣花、补花等工艺手法精制而成。具有古典、雅致、高档等特色,做工精细、立体感强,是家居床品的最佳选择。

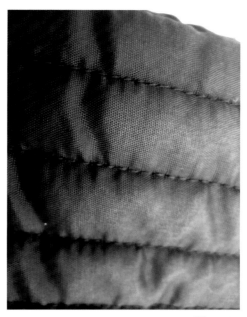

图 4-141

韩国(朝鲜)的绗缝,一般都是用平行的平针来纳满整件衣服(或其他织物),而且缝得很密,这是一大特点,中国古代一般称朝鲜的这种绗缝为"高丽纳"。但是绗缝这种工艺在以前很普遍,中国古代的绗缝在各个民族中都有使用,最简单的绗缝一般是缝成菱形,这点就和朝鲜的不一样。另外,中国的绗缝也通常在菱形上绗缝出花纹,别有一番风味,虽然有时候依然冠以"高丽纳"的名称,但其实和朝鲜的代表做法是有区别的,纯属中国绗缝的特点。

此外,民间一般的棉衣用的绗缝针距会很大,而针距短小的,多数又是缝成菱形的。这些衣服,通常很少直接做最外面的一层来穿着,所以,虽然是实用的东西,却少见实物(或者因为普通而不受到重视)。朝鲜的绗缝衣物则有不少实物,而且至今也在做。一些现代影视作品的剧情中,在表现冬天的衣着的时候,可见大量直接作为最外面的衣服穿着。现在有专门的绗缝机,可以免除手工的烦恼,但这只是商业化的行为,如果要体尝 DIY 的乐趣,自己动手是最好的途径。

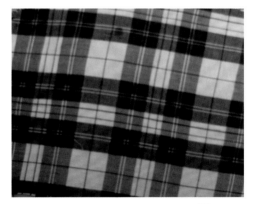

图 4-142

但是,绗缝成菱形或矩形的样式,至今在羽绒服等冬装里使用,也算是一种别样的延续。值得一提的是,法国香奈儿(Chanel)的手包很早就采用中国绗缝工艺,并且香奈儿一直将绗缝工艺作为包包的经典工艺延续使用至今,使得绗缝工艺变得非常普及和国际化。(图4-141)

1. 工具的准备

做拼布要用到的材料需要很多,但主要的三项就是布料、辅棉和压线。

(1)布

对拼布来说,布料的种类是很广泛的,简单来说,各种材质都是可以用的。但我们常说拼布用布料,是指一种特定织数的平纹棉布,因为这种布对于拼接、压线的承受力都很适合。而平纹相对于斜纹布来说,对尺寸的把握更容易。精纺布也是平纹的,但由于织数太密而不适合压线。(图4-142、图4-143)

图 4-143

（2）辅棉

辅棉非常重要，一件作品整体的成败就靠它了。原因在于：它夹在表布与里布中间，通过压线或粘烫的方法，使三层连合在一起，达到紧实立体、凹凸有致的效果，可以体现复杂的压线图案与作品整体的张力。（图4-144）

（3）压线

压线的作用是使作品立体生动。这种线不能太软太细，也不能太粗太硬，软细的会嵌进布里，压出的效果太差，粗硬的会浮在表面，显得生硬。专用的拼布压线介于二者之间，无论是黏度还是粗细都恰到好处。涤纶的线，牢度够好，怎么拉都拉不断，但容易在线尾开花分岔。全棉的线，在牢度上比涤纶的稍逊一等，但棉线与全棉布的缩率是一样的，也就是当一幅作品整体压线完成后，如果上面有印子，在水里浸一天消印后晾干，作品还是原来的平整度，不会因为压线的缩率过大或过小，而使作品表面起皱。（图4-145）

2. 基本技法

（1）绗缝法（图4-146~图4-154）

图 4-144

图 4-145

图 4-146

图 4-147

图 4-148

图 4-149

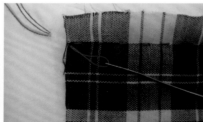

图 4-150

图 4-151

图 4-152

图 4-153

图 4-154

（2）拼布法（图 4-155～图 4-162）

图 4-156

图 4-155

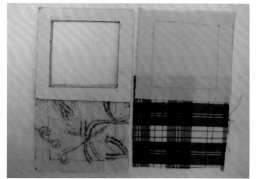

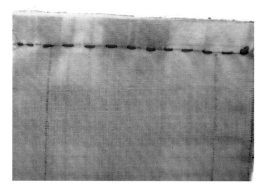

图 4-158

图 4-157

图 4-160

图 4-159

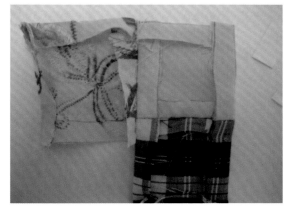

图 4-161

图 4-162

(三)手工布艺在服饰中的应用设计

拼布设计在现代服装设计中对材料的理性运用、色彩搭配都有着自身独特的设计哲学，对绿色服装设计也有着重要的启示和指导作用。拼布服装设计的初衷就是为了节约生活资源、减少浪费，使零碎布料得到有效回收和重用为目的，恰恰满足绿色设计思想的核心。(图4-163、图4-164)

图 4-163

首先，拼布服装运用"边角料"本身就是一种环保、绿色的体现。面料使用特点是取材广泛、善于突破常规，拼布设计者将面料重新整合并设计，使面料使用、色彩搭配达到重新组合的效果。如一件拼改成的裙子，其面料和材质搭配较自由，是选取废旧薄地毯和牛仔裤而制成的，它是在薄地毯中间先裁出一个圆圈，然后将一条旧牛仔运动裤的束腰和口袋拼上，就成了一个时尚休闲、充满个性的牛仔裙，并且装饰效果独特醒目，符合时尚化拼布服装设计的个性化需求。

其次，拼布服装在制作时使一些非服装材料得到运用，这也是一种设计绿色化的体现。如以拼布的设计手法利用废旧果汁袋制成的环保雨衣，制作时将果汁袋先进行拆解，然后根据设计需要将材料整合，再重新拼接在一起。

图 4-164

拼布服装使零碎面料得到有效回收和应用，主要是对成衣生产中损耗面料的回收和应用。在工业生产中，批量化的成衣制作中布料只有 80%~85% 的利用率，剩余的边角面料无法得到利用，许多工厂只能将这些"下脚料"当做垃圾进行处理。而这些面料的损耗在服装生产过程中是不可避免的，可以建立一个合适的平台或回收途径将工业成衣损耗布料进行专门的回收，这样不仅解决了工业生产中面料浪费的问题，而且为拼布服装提供了很好的面料来源。

如今，许多人将学习制作拼布服装作为一项兴趣爱好培养，这个出发点固然值得鼓励，但往往有一些人为了追求服装的色彩和图案更加炫目的效果，在使用整匹崭新面料时，根据自己的需要将其切割后作为拼布的素材，这种情况下制作的拼布服装甚至比一件普通成衣制作过程中造成的布料浪费还要多，造成了更多不必要的资源浪费，把拼布服装变成了为满足"一己之需"华而不实的设计。这种做法显然违背了拼布服装的设计初衷，从经济、环保角度上都是不可取的。

最后，对旧衣改造设计中面料的有效应用。在近几年来兴起的 DIY 热潮中，不乏各种关于对旧衣、废旧衣物面料进行改造的实例。这种 DIY 旧衣改造思想中关于面料的应用，实际上与拼布服装有着殊途同归的效果。在很多旧衣改造中，面料的改造和变化设计只是加一些相应的简单装饰，如手绘图案、加铆钉、贴水钻等。而拼布服装形式的旧衣改造，是以解构主义的思维方法将服装面料整体重新分解、重构，整合后以拼接的形式制成；或者在一些原有服装款式的基础上再作面料的拼接处理，形成了服装新的组合形式和功能，呈现"旧衣新貌"的特点。可以说，旧衣面料的改造设计为拼布设计在服装上的应用提供了一种新的思路，同时拼布形式的服装设计也使旧衣面料得到最有效的应用，也是一种非常简单、易学的方法。

时尚的背后，有多少双巧夺天工的手和无限奇妙的创意头脑？有多少人能够懂得对待艺术的态度？当我们不再浮躁，做好每一件事，包容身边的每一个朋友时，我们都是艺术家。(图4-165)

思考与练习

1. 名词解释：波浪褶、格子状褶。

2. 思考手工褶饰的创新设计。

3. 制作一幅 50 厘米×50 厘米的格子状褶作品。

　　要求：准备好针、缝纫线、剪刀、尺子、铅笔。

　　（1）面料最好以棉麻质地为主。

　　（2）做工完整、精致。

　　（3）尺寸在 50 厘米×50 厘米左右即可。

4. 制作一幅 50 厘米×50 厘米的波浪褶作品。

　　要求：准备好针、缝纫线、剪刀、尺子、铅笔。

　　（1）面料最好以棉麻质地为主。

　　（2）做工完整、精致。

　　（3）尺寸在 50 厘米×50 厘米左右即可。

5. 制作一幅 50 厘米×50 厘米的自创褶饰作品。

　　要求：准备好针、缝纫线、剪刀、尺子、铅笔。

　　（1）面料最好以棉麻质地为主。

　　（2）做工完整、精致。

　　（3）尺寸在 50 厘米×50 厘米左右即可。

图 4-165

图书在版编目(CIP)数据

服饰手工艺设计/宣臻主编. —重庆：西南师范
大学出版社,2014.1(2019.6 重印)
高等院校服装专业教程
ISBN 978-7-5621-6477-7

Ⅰ.①服… Ⅱ.①宣… Ⅲ.①服饰–手工艺–设计–
高等学校–教材 Ⅳ.①TS941.2

中国版本图书馆 CIP 数据核字(2013)第 246589 号

高等院校服装专业教程

服饰手工艺设计

主　　编：宣　臻
责任编辑：王　煤
装帧设计：梅木子
出版发行：西南师范大学出版社
　　　　　网址：www.xscbs.com
　　　　　中国·重庆·西南大学校内
　　　　　邮编：400715
经　　销：新华书店
制　　版：重庆海阔特数码分色彩印有限公司
印　　刷：重庆康豪彩印有限公司
幅面尺寸：210 mm×280 mm
印　　张：8
字　　数：220 千字
版　　次：2014 年 1 月第 1 版
印　　次：2019 年 6 月第 3 次印刷
书　　号：ISBN 978-7-5621-6477-7

定　　价：52.00 元